浙江建投科技成果书系

传承宋韵 文润东方

中国国家版本馆杭州分馆工程
创新与实践

浙江省建工集团有限责任公司
浙江省建筑设计研究院有限公司
中国联合工程有限公司

编著

中国建筑工业出版社

图书在版编目（CIP）数据

传承宋韵　文润东方：中国国家版本馆杭州分馆工程创新与实践 / 浙江省建工集团有限责任公司，浙江省建筑设计研究院有限公司，中国联合工程有限公司编著 . —北京：中国建筑工业出版社，2023.12

（浙江建投科技成果书系）

ISBN 978-7-112-29476-3

Ⅰ.①传…　Ⅱ.①浙…　②浙…　③中…　Ⅲ.①文化建筑—建筑工程—杭州　Ⅳ.①TU242

中国国家版本馆 CIP 数据核字（2023）第 250419 号

中国国家版本馆是以习近平同志为核心的党中央批准实施的重大文化工程，是存放保管文明"金种子"的"库房"，承担着赓续中华文脉、坚定文化自信、展示大国形象、推进文明对话的重大使命。中国国家版本馆杭州分馆是"一总三分"馆藏布局的组成部分，又名"文润阁"，是中华人民共和国成立以来浙江省规格最高的文化工程，亦是文化浙江建设的"窗口"工程。

本书介绍了中国国家版本馆杭州分馆工程的创新技术与实践经验，主要内容有5章，分别是建设概况、EPC的管理实践、设计的技术表达、材料的技术赋能、建造方式的创新探索，全过程、全方位展现了杭州分馆工程的建设过程和技术创新，适合于建筑行业技术、管理人员参考使用。

责任编辑：张　磊　万　李
责任校对：赵　力

浙江建投科技成果书系
传承宋韵　文润东方
中国国家版本馆杭州分馆工程创新与实践
浙江省建工集团有限责任公司
浙江省建筑设计研究院有限公司　编著
中 国 联 合 工 程 有 限 公 司
*
中国建筑工业出版社出版、发行（北京海淀三里河路9号）
各地新华书店、建筑书店经销
华之逸品书装设计制版
临西县阅读时光印刷有限公司印刷
*
开本：880毫米×1230毫米　1/16　印张：16　字数：329千字
2024年5月第一版　　2024年5月第一次印刷
定价：**188.00** 元
ISBN 978-7-112-29476-3
（42009）

本书编委会

主　审：钟建波　张金星　沈瑞宏

委　员：邬平福　赵　峰　蒋大炜　王　彬　沈西华　夏卫荣　李　凯
　　　　张国政　陆优民　许世文　杨学林　高　嵩　裘云丹

主　编：钟建波　沈西华

副主编：梅献忠　毕　波　项俊杰　朱周胤　张　玲

编　委：何祉健　汪景芬　徐锡平　汪瀚澄　方承宗　付加快　胡　坚
　　　　孙洪军　任　涛　林　峰　方合庆　胡　晨　邬　涛　雷　敏
　　　　倪燕乐　王培清　高　源　吴晓平　曾　培

以下按姓氏笔画排序：

浙江省建工集团有限责任公司

丁伟忠　马冠骋　王　剑　王心科　王秀峰　王雪松　王晨昊　尹长剑
孔盛廷　叶　佳　叶利琴　叶俊豪　朱汉凯　刘珂宇　许世林　孙永祥
李雪峰　肖　炜　吴　凡　吴尚岳　邹豪奇　汪庆林　汪　凯　汪建平
沈　杰　沈书珍　张　政　张　攀　张金月　张韫炜　陈　磊　陈国齐
陆昕宇　陈星安　邵乐凯　纳明红　范宜强　林聪聪　罗　恒　金宇超
金晓露　金铖丞　周　超　胡佳平　柏　星　段云翔　姜娱蓓　袁龙明
夏灵宝　徐佳伟　徐嘉蔚　蒋建克　韩建华　韩烨楠　傅黄秉　傅锋庆
蓝肖菲　楼含钰　潘庆军

浙江省建筑设计研究院有限公司

马少俊　马　俊　王华峰　王凌燕　方　方　朱鸿寅　刘亚军　江桂龙
杨海英　何雅俊　余红英　张　浩　张展榕　林　娜　易宗辉　金　龙
金　涛　俞海泉　姜广萌　洪玲笑　徐伟斌　高　超　黄　震　寇　林
程　江　鲁显登　楼　晓　雷　飞

中国联合工程有限公司

王玉杰　李敏杰　宋　超　顾　军　董　敏　储公平

前　言

　　近年来，国家大力开创文化建设新局面，大力发展文化事业和文化产业，文化建筑建设不断涌现。中国国家版本馆是国家从文化安全和文化复兴战略高度部署的一项重大文化工程，是"赓续中华文脉、坚定文化自信、展示大国形象、推动文明对话"的精品传世工程，被列入中央"十四五"规划建议。党的十九届五中全会把"加强国家重大文化设施和文化项目建设，推进国家版本馆工程"，写入了全会的"建议"。习近平总书记亲自批示："传世工程有重大文化传承意义，要认真规划实施。"2023年6月1日，习近平总书记考察中国国家版本馆时强调，建设国家版本馆是他非常关注、亲自批准的项目，是文明大国建设的基础工程，是功在当代、利在千秋的标志性文化工程。

　　杭州国家版本馆（中国国家版本馆杭州分馆）又名"文润阁"，是承担以版本收藏保护、保藏研究为主要任务的中华版本传世工程"一总三分"保藏体系的重要组成部分，是中国国家版本馆中央总馆异地灾备库、江南特色版本库及华东地区版本资源聚集中心。浙江省省委十四届八次全会把"高水平建设国家版本馆杭州分馆"作为实施重大文化设施建设工程、打造新时代文化地标的头等大事。在杭州国家版本馆的建设上，如何体现浙江特色成为一项课题。浙江的宋韵以南宋历史文化为中心。在宋风建筑上，近年来浙江省正在以项目化的方式，持续推进宋韵文化传世工程实施方案。在浙江省第十五次党代会报告中，明确要深入实施"宋韵文化传世工程"，作为打造新时代文化艺术标识的重要部分。杭州国家版本馆便是宋韵建筑的探寻之作，2022年8月面向公众开放，展现了现代宋韵的建筑风格。杭州国家版本馆项目的建设，对于把握宋韵建筑的话语权，以及加快推进实施宋韵文化传世工程，均具有十分重大的意义。

　　杭州国家版本馆作为新时代宋韵建筑先驱者，要如何完美地体现"宋韵"，在实际操作中难度极大，因为宋代园林没有任何实物留下来，也没有一张图留下来，甚至在宋代山水画上也找不到一个可以放大的园林图景。尽管近年来以继承和发扬传统文化为理念的现代建筑设计越来越多，但是真正明确以宋韵为主题开展创新实践，并取得成功的建筑还未曾真正出现。鉴于以上工程特殊情况，以杭州国家版本馆为例，研究了宋韵建筑建造经验，总结了本工程在施工和设计配合过程中积累的经验，通过在杭州国家版本馆项目中的技术创新攻关，形成的成果可以有效地填补宋韵建筑的空白，解决该种类型工程施工可能会遇到的关键问题，通过对建设概况、EPC 管理实践、设计的技术表达、材料的技术赋能、建造方式的创新探索等部分的详细介绍，展现大型宋韵文化建筑项目设计施工组织特点及模式，为后续类似项目提供参考借鉴。

目 录

1

建设概况

1.1
背景与概况

1.1.1 项目背景

中国国家版本馆是以习近平同志为核心的党中央批准实施的重大文化工程，是存放保管文明"金种子"的"库房"，承担着赓续中华文脉、坚定文化自信、展示大国形象、推进文明对话的重大使命。中国国家版本馆杭州分馆（简称"杭州国家版本馆"）是"一总三分"馆藏布局的组成部分，又名"文润阁"，是新中国成立以来浙江省规格最高的文化工程，亦是文化浙江建设的"窗口"工程。

1.1.2 项目概况

项目选址于良渚文化遗址保护区东侧，建筑采用国画平远法、多层次布局，如山水画轴般沿中轴线层叠展开，通过山水环境、群组布局、材料技艺和空间层次，探寻新时代宋韵建筑。

项目总投资21.9亿元，EPC总包合同造价16.9亿元，总建筑面积10.31万 m²，由南园、北馆、山体库三大区域组成，包括主馆一～五区、附属用房和山体库等主要单体（图1-1）。

图1-1 项目整体布局与单体分布

传承宋韵 文润东方
中国国家版本馆杭州分馆工程创新与实践

1.1.2.1　南园

南大门位于场地最南侧，是本项目的主出入口；其北是场地南区的主景水面，水榭位于整个场地的中轴线水面上，三面临水，具备交流与展示等功能（图1-2）。

主馆一区位于整个平面布局的中心，设有文化交流大厅，地下为300人的大报告厅，2层另设小型报告厅，可以满足多种文化交流任务的需求。

图1-2　南园鸟瞰

1.1.2.2　北馆

主馆二区架空于现有山包之上，功能为展示、办公和服务；其北侧依次为主馆三区、主馆四区两大区块，功能分别为展示、书库、技术用房、交流等，其间围合成场地北区主要的水池院落，临水北侧置一明堂，南侧设一琴台，东侧立一水阁，西侧是沿道路南北展开的主馆五区，功能为公共大厅、交流、办公和会议等（图1-3）。

图1-3　北馆鸟瞰

主馆各功能区由2层通高的架空游廊（图1-4）互相连接，游廊具备展示和休憩等功能，游客在室内外空间的转换中，同时获得观展和赏景的独特体验。

图1-4　架空游廊

1.1.2.3　山体库

场地东侧靠现有山崖建造山体库（图1-5），在其上恢复山体形态，再现龙井茶田风貌。

图1-5　山体库鸟瞰

1.1.2.4　小品建筑

除了以上功能以外，本项目还设有大观阁、水阁、观景阁、长桥、绕山廊等构筑物，分别具备赏园、观景、休憩、交流等功能，其中观景阁可以俯瞰全馆，远眺良渚遗址。这些功能单体点缀于场地之中，体现了当代宋韵文化开放自然的特质。

传承宋韵　文润东方
中国国家版本馆杭州分馆工程创新与实践

1.2
建设模式和目标

1.2.1 建造模式

杭州国家版本馆项目的建设采用了目前公建项目应用较多的工程总承包模式（EPC模式）。EPC（Engineering Procurement Construction）是指公司受业主委托，按照合同约定对工程建设项目的设计、采购、施工、试运行等实行全过程或若干阶段的承包。通常公司在总价合同条件下，对其所承包工程的质量、安全、费用和进度进行负责。

工程的方案设计由中国首位普利兹克建筑奖获得者王澍领衔中国美院团队完成，并承担了全过程指导的工作，由浙江省建工集团有限责任公司牵头浙江省建筑设计研究院进行EPC工程总承包。

1.2.2 工程目标

杭州国家版本馆项目总建设工期为566日历天。工程质量目标为确保中国建筑行业工程质量的最高荣誉奖"鲁班奖"，安全目标为现场零伤亡、获"浙江省安全文明施工标准化工地"。

针对杭州国家版本馆项目建设，时任浙江省委书记提出："内要出成绩，外要出形象"，浙江省委省政府提出要打造传世工程、精品工程、"窗口"工程、惠民工程、安全工程、廉政工程、绿色工程。

1.3
困难与挑战

杭州国家版本馆项目的建设工作是一个在紧迫工期环境下，进行高标准、高要求的创新建筑研究与实践的过程，设计建造过程中面临以下难点：

1.3.1 创新点众多，无可借鉴经验

项目结构形式新颖、新材料新工艺多，总体而言呈现出一次成型内容多、外观效果要求高、创新专项内容集聚、多专业多专项交叉面广的特点。全系列全构型的现浇艺术肌理清水混凝土、超大规格预制竹纹清水混凝土挂板、超高生土夯土墙、青瓷屏扇、钢木构、双曲金属屋面、青石花格砌7大新工艺新材料，均为项目首创。

清水混凝土材料在现代建筑中已经广泛运用，已是成熟的工艺，但本项目采用的是艺术肌理清水混凝土，比普通的光面清水混凝土要求更高。艺术肌理通过木纹和竹纹两种肌理来表现，这两种艺术肌理都具有明显的方向性，这就涉及了许多收边收头、清水之间交接面留缝处理等不同的情况，而方案设计对于这两种肌理的效果要求近乎苛刻。夯土墙采用的是纯天然的生土，不再添加任何其他的化学改性材料，本体系夯土墙的净高度首次超过了10m，且夯土墙顶部为曲线顶，与屋面相互衔接。青瓷屏扇更是一种技术发明，将运动机械与巨大的建筑构件相结合，超出了建筑工程的范畴。其余的预制竹纹清水混凝土挂板、钢木构、双曲金属屋面、青石花格砌也是对原本材料的创新使用，没有经验可以借鉴。

创新是一种挑战，也是一种动力，项目采用试验—试样—实体样板—定样的工作模式，充分调动相关资源，通过设计引领，以集体智慧进行技术攻关，最后将各种创新做法一一实现。

1.3.2 资料缺失与规范标准空白

项目场地原为一处矿坑，多年来山体松动导致场地边界一直处于变动过程中，原地形图与实际场地差异较大。在没有最新地形图的情况下，施工图设计阶段采用了实测的方式为设计提供第一手资料，根据实测数据调整了主要建筑的位置和平面尺寸，对绕山廊也重新进行了设计，其走线和高低起伏完全按照现场状况调整，以减少对原始场地的破坏。山体库南侧的情况则更为复杂，由于山体库的结构在每一层都要与山体对接，每层标高对应的山体边界数据需要实测才能获得，所以实施过程是首先通过实测确定山体轮廓边界，设计随之调整图纸，再据此进行施工。另外，周界围墙、其他附属建筑物、构筑物，包括冷却塔围墙、西门卫、丙试样围墙等，设计根据现场放样后发现这些构筑物位置在山体之上，对山体影响较大，多次调整了设计方案和布置位置，力争使其对山体破坏最小。场地资料缺失的情况贯穿了项目建设的全过程。

杭州国家版本馆项目的功能定位为"版本馆"，是一座以藏书为主，展藏结合，并配有其他辅助功能的综合类文化建筑，属于新的建筑类型，国家目前实施的工程设计规范和标准还没有相对应的资料，只能综合参考《博物馆建筑设计规范》

JGJ 66—2015、《图书馆建筑设计规范》JGJ 38—2015、《档案馆建筑设计规范》JGJ 25—2010等近似建筑的规范和标准。在实施过程中，不同标准对于相同内容的要求也不尽相同，例如前述3部标准对于库房的缓冲间设置均有要求，但各自的藏品不同，标准也有高低之分。在这种情况下，设计中执行就高不就低的原则，以更严格的标准来控制项目质量。

除了建筑工程以外，项目的众多创新做法也没有对应的规范和标准来指导。例如青瓷屏扇就综合了巨型钢框架构件、青瓷烧制、幕墙设计、机械传动设计、电气控制设计等众多专业，各专业的技术要求差异较大，需要有一套总体的技术规程覆盖所有专业，控制设计、制作、施工、验收的全过程。项目采用的夯土墙同样存在缺少规程控制的问题，虽然主创设计团队有过类似做法的工程经验，但如此大体量，尤其是超常规的高度，对于结构稳定性和墙体耐久度的影响是未知的，需要更科学的设计与施工管理。为此，项目建设指挥部召集EPC、主创设计团队、全咨单位、相关专业供应商成立技术小组，联合编制了《青瓷艺术屏扇工程质量检验标准》《青瓷艺术屏扇工程质量验收标准》《夯土墙施工技术规程》3项技术标准，在项目的实施过程中发挥了技术指导与质量验收作用。

1.3.3　特殊的建造方法

项目新颖的建筑结构形式、创新的材料和工艺应用方式，带来了建造方式上的挑战。这种挑战不是颠覆传统施工的方法，而是要求在施工的分区方式、工序先后、工艺标准上做出调整、改变乃至创新，如此才能最大限度地展现建筑师期待的建筑艺术效果。

比如本建筑群立面上以清水混凝土为主，也是最为重要的设计要素，清水混凝土施工的成败直接决定了建筑最终效果的完美程度。于是在建造方式上，一切出发点都是在保证结构安全的前提下，如何实现建筑设计期待的整体、匀质和协调的一体化效果，尽可能实现少缝乃至无缝。

这个标准放在一个有着超长、超高、错层、应用部位分散、结构形式复杂、混凝土肌理形式多样等一系列标签的特殊建筑上，除了混凝土自身工艺的难点外，更重要的是要找到能够适应实现建筑效果的施工工序流程和分区方式。这个特点在主馆三区、主馆四区、主馆五区和大观阁等单体建筑上体现得十分鲜明，建筑施工时把必需的分缝"藏"在了最隐蔽、最合适的位置，最大限度地体现了清水混凝土浑然一体的美感。

又如作为小品建筑存在的水阁（图1-6），其规模虽然很小，但建筑结构形式却让人耳目一新。传统建筑中较少见到这种钢木互嵌斗冠造型的悬挑装饰结构受力一体化建筑，多层悬挑斗冠端部还承载大面积玻璃幕墙，建筑效果出众。在水阁建筑施工上，需要考虑到混凝土与钢结构的配合、悬挑受力的可靠性、狭小空间和双向正交堆叠对悬挑钢木斗冠施工层序的影响、钢结构安装误差对木结构的影响、焊接高温对木结构的影响、结构受力变形对木结构和幕墙的影响等一系列影响因素。由于以上条件中存在互斥的影响因素，因此只是改变优化传统工序流程并不能完全解决问题，还需要用创新的技术手段实现特殊的建筑效果。

图1-6　水阁

再如建筑装饰收头与基层结构的关系上，设计十分强调基层体系"零误差"，在不同材料的结合部、收头收尾区，设计采用的方式并不是遮盖，而是彼此相靠。基层的缺陷难以通过建筑面层进行修饰，"线条遮盖、打胶收头"等在传统建筑细部大量应用的修饰手法，在本项目中的使用寥寥无几。这种理念在清水混凝土洞口、踢脚线、设备末端以及装饰地面铺装、幕墙、楼梯栏杆等各种部位普遍存在，也给建筑施工带来了极大的挑战，要求真正做到一次成优。

1.3.4　一次成型的挑战

杭州国家版本馆项目的一大特点是追求本真、雅致的建筑效果，建筑的内外界面很少进行装饰。无论是夯土墙、清水混凝土，还是钢木构和青石花格砌，均展示材料自身的效果，不另做二次装饰处理。尤其是现浇清水混凝土，设计中对于涉及的构造措施和预留预埋必须周密布置、准确到位，一旦浇筑了便不能再进行修改，这对设计与施工的要求非常高。本项目现浇清水混凝土的面积非常大，最终呈现的效果将直接决定整个建筑的成败。为了做到万无一失，EPC单位制定了清水混凝土模板图确认机制，在每段清水构件浇筑前，设计对施工进行专项交底，施工团队根据设计图纸制作模板深化图，设计团队对其进行仔细复核，只有尺寸、肌理、点位、构造等信息均无误才签字确认，进行下一阶段施工，通过闭环管理来避免质量缺陷隐患出现。

2

EPC 的
管理实践

2.1
EPC实践中的宋韵传承

尽管近年来以继承和发扬传统文化为理念的现代建筑设计越来越多，但是真正明确以宋韵为主题开展创新实践，并取得成功的建筑还未曾真正出现。杭州国家版本馆项目的建设正是在此背景下进行，其以艺术标准打造，是传承中华文脉、彰显浙江精神的文化新地标，用实例阐释建筑对于宋韵的表达。杭州国家版本馆项目的建设，对于把握宋韵建筑的话语权，以及加快推进实施宋韵文化传世工程，均具有十分重大的意义。

从复杂枯燥的施工图纸，到摸索寻觅的试验试样，最终到活生生立在当前的建筑成品，杭州国家版本馆项目的宋韵实践走过的是一条探索创新之路。任何可以感受到的宋韵点滴，均是通过具体的建筑、环境和细部来传达的，但宋韵的背后必然有系统性的要素在控制，它应该是抽象的、凝练的。杭州国家版本馆项目的宋韵提炼为简约雅致的文化风韵，自然和谐的形态神韵，规制精细的技术新韵，革故鼎新的创新气韵。这些韵的表达起源于方案创作，落实于施工图设计，实现于施工建造，即方案构思了美好的创意，施工图设计将其转化为蓝图，最终通过工匠的辛勤建造得以落成。

项目的方案设计创新地回应了宋韵表现的诉求，同时也带来了后续实施过程中的挑战，即无论设计还是建造均走在一条创新与探索的道路上。鉴于项目建设周期短且工程量大的特点，为了更好地推进工程建设，杭州国家版本馆项目采用了EPC模式，由浙江省建工集团有限责任公司和浙江省建筑设计研究院组成联合体实施。由于项目的国家级定位与属性，必须以最严格的标准来保证设计和施工质量，而方案设计采用了众多的创新材料和新型技术，对项目的落地实施带来了极大的挑战，同时只有一年半的设计施工周期更是对全体参建单位提出了一个在当时看来是不可能完成的任务，所以杭州国家版本馆项目的建设过程从一开始就面临严峻的考验。

除了EPC工作采用的边设计边施工（即分阶段出图）模式以外，设计过程本身也有别于常规的项目。由于项目方案设计中采用了众多创新做法，需要在深化设计中验证其可行性，例如青瓷屏扇门体的厚度是否能达到方案效果的要求，又如双曲面清水混凝土的结构选型。深化设计的结果又会反馈至方案设计进行优化与调整，尤其是结构和机电设计对于原方案的影响较大，需要反过来再从方案角度考虑对效果的影响。基于此，施工图设计阶段专门制定对应工作计划，将整个过程分为横向和纵向两个维度，各自深入并随时互动交叉。对于关乎方案表达的空间效果、材质选择、节点构造等内容，利用SU模型同步进行研究，协助主创设计团队更好地将方案落实下去，这种做法称为横向的深化设计。施工图设计各专业本身的深化设计，在建筑专业交底完成后就立即展开，阶段性地向建筑专业反提结论，由建筑专业判断其对于方案的影响，这个过程称为纵向的深化设计。

以上两种同时展开的深化设计表明了本项目最大的特点，就是方案的优化伴随着施工图设计的全过程。事实上到项目竣工前都还在针对施工现场暴露出来的问题进行方案的优化，这反映了项目设计与施工精益求精的工作作风。而回顾整个建设过程，这套两个维度的设计方法对于保证方案的忠实落地，并以高完成度展现在公众面前发挥了重要作用。

施工图设计团队把握的关键点是与主创设计团队保持一致。主创设计团队以打造艺术品的态度来进行方案创作，从构思到表现、从整体到局部、从形体到细节均精益求精，因此施工图设计团队应该秉持同样的态度，将方案设计在符合国家规范和标准的前提下原汁原味地转化为可实施的图纸。为此施工图设计团队打破常规的设计模式，自接手工作后做的第一件事就是充分地消化吸收方案设计内容，充分理解其理念和思路，只有这样才能保证设计的连贯性。建筑团队利用一周时间将所有初步设计图纸重新描绘了一遍，加深了对平面功能和建筑尺度的理解，并同时建立了SketchUp的全模型（以下简称"SU模型"）进行研究，在后续的工作过程中与主创设计团队一样采用CAD图纸加SU模型的工作方式，同步同平台地设计，后续工作证明了这种方式的有效性，极大地方便了前后端设计的沟通。

在计划措施方面，杭州国家版本馆项目的实际情况决定了必须采用边设计边施工分阶段出图的特殊建设模式。按照设计方案，将整个工程分为主馆地上、地下室、山体库和附属用房四大部分。与施工工序相对应，按照桩基—地下室—山体库—地上建筑—附属用房的顺序分批出图，集中力量先完成桩基的设计，利用现场施工的周期进行地下室设计，同样利用地下室的施工周期进行其余部分的设计，这样保证了施工的同步进行，为项目建设节约了大量的时间。考虑到项目的进度和难度，设计团队采用驻场工作的方式，服务于建造需求，充分发挥EPC模式的高效率。

2.2
设计与施工的深度融合

在主创设计团队的设计理念引领下，杭州国家版本馆项目的建设面临诸多挑战，特别是创新的建筑结构形式和建筑效果的艺术追求，是以往常规工程罕见的，这就要求设计施工能进行深度的融合，把彼此的事真正变成共同的事，发挥合力，各展所长方能实现建设目标。对此项目进行了三方面的融合：观念融合、人员融合、技术融合。

观念融合是指设计人员和施工人员各自站在对方角度考虑如何解决问题，使得设计和施工能够形成共识，即共同站在项目全局的角度，发挥彼此最大潜力，平衡彼此诉求，最大限度地形成项目建设合力。项目设计和施工人员同在现场办公住宿，促进了双方管理者的交流学习，见证了彼此的工作模式，并以现场实际施工情况为佐证，使得双方沟通有了即时的参照物，随着项目的推进双方观念融合得到了极大的提升，奠定了很好的合作基础。

人员融合是设计和施工各有能用对方思维方式表述问题的专业人员，也就是有懂施工的设计人员和懂设计的施工管理人员作为彼此沟通的桥梁，解决协同重点和难点问题。这是在彼此有了很好的观念融合的基础上发展而来的，也是设计和施工融合的关键因素。单个项目的建设时间有限，建设团队也非每人都有彼此工作的实践经验，因此除了通过日常工作建立观念融合外，设计和施工均派遣了年富力强并有彼此管理实践经验、善于沟通解决问题、全面了解设计施工情况的团队带头人，将团队高层的思路进行了统一，极大地促进了互信、互谅和互助。此外，施工深化团队包括BIM团队与设计团队共同办公，同步推进，缩短了设计到施工落地的过程，大量过程问题可以不通过联系单，而在设计、深化设计过程中直接解决，很好地提升了管理效率。

技术融合是工程总承包能力建设的核心。项目在建立观念融合、人员融合后，通过设计方案的可行性研判、深化设计的优化完善和技术方案策划落地，达到设计优化施工和施工反哺设计的效果，建立起一套相对完善的项目管理体系，使得"E"真正起到了工程整体策划的作用，"C"也不再只是施工，而是更多地基于按时交付合格项目的基础，实现对详细设计、设备采购的协同管理。

3

设计的
技术表达

杭州国家版本馆项目的主创设计团队构思了一个传统与现代相结合，以宋韵为风格特点的国家级文化建筑，其中不乏大量的设计探索。EPC在实现这些创意的过程中，首先要保证原汁原味地展示宋韵，其次要充分利用现代技术手段进行设计创新，以完全不同于常规的思路来打造精品。在这些建筑创新中，根源于传统是一个共同的主题，其中部分采用类似形态翻译的手法进行古今传承，也有部分采用意象共通的理念进行古今转化，把握好这条主线，施工图设计就可以充分发挥各专业的技术力量，进行有针对性的落地设计。

关于形态的翻译，梁思成先生曾经在论述如何利用中西方传统建筑遗产转化成当代中国的民族形式时，提出"建筑可译"的概念。他认为各民族可以用自己不同的建筑形式，表达出相同或者类似的"建筑内容"，就像不同语言之间可以互相翻译，不同建筑之间也是可以互相翻译的。中西传统建筑上都有同样功能的屋顶、檐口、墙身、柱廊、台基、女儿墙、台阶等可以称之为"建筑词汇"的构件，如果将西洋建筑中的这些词汇改用相应的中国传统词汇替代，则可以将一种西洋风格"翻译"成中国风格。杭州国家版本馆项目在用现代建筑语言表达宋韵的实践过程中，对于古今两种建筑形态的处理，一定程度上接近于梁思成先生的"建筑可译"的概念，只不过翻译对象由西洋建筑换为宋代建筑，对于典型的宋代建筑中的不同形态进行了多次"翻译"。建筑设计中的"翻译"需要技术的支撑才能落地，施工图设计中的各专业通过各自的技术手段，使得一些原本只存在于传统建筑中的形态以新的方式呈现于人们面前。例如青瓷屏扇中的结构力学支持与幕墙构造的处理、大体积夯土墙中的结构骨架设计、清水混凝土游廊中的建筑构造设计与机电管线综合、青石花格砌中的照明检修构造设计、木构藻井中的机电管线设计，这些设计都以展示宋韵为原则，通过技术创新将方案设计的创意——实现。

除了具象的形式以外，意象的转化是宋韵展示的另一方面。意象认知来自生活中对于事物认知、体验的形象性概括，结合了艺术家主观的想象力和创造性，表现依附于典型性形象联想。它是人们的意识中创造性重构的认知形象，保留着感性印象的特征，却也蕴含着主体主观的联想、创造性的意识投影，是思维化的感性印象和具象化的理性形象。建筑意向是指在人们生活中所遇环境、情境气氛与建筑的融合意义，对于建筑个体的感觉取决于当时情况、情形与人物，建筑意向的表达离不开周围环境的衬托。对于宋韵中的一些意象性元素也通过特定的策略进行了转化，使其在传统的意味中又增添了一丝时代的印迹，例如混凝土和钢构的双曲屋面对于传统坡屋面的转化、钢木三角受力结构对于传统的木构体系的转化、金属受拉吊索对于帘幕的意象转化，以及山体库茶田形态对于自然茶田的转化等。

施工图设计过程中，无论建筑、幕墙、室内、景观等对露面效果有极大影响的专业，还是机电、市政、绿建等相对隐蔽的专业，都秉持高标准的设计要求，从方案创新点出发，用系统性的思维寻找技术解决途径。建筑设计需要在内外都是一

传承宋韵　文润东方
中国国家版本馆杭州分馆工程创新与实践

次成型的清水建筑中解决功能、流线、防水、保温、消防、绿建等问题；结构除了坚固性要求外，面临大量的美观性对于构件尺寸的苛刻要求；机电需要在满足整体效果的前提下另辟蹊径进行系统设计；室内要用有限的装饰空间容纳各专业的管线与点位；景观在表达宋韵之前需要处理一系列植物种植与容器设计的问题；智能化要将各种设备探头整合进整体环境中；光环境要在灯具形式与方位有严格限定的情况下满足照度与艺术效果的双重要求；市政面临所有道路、沟渠与井盖的优化美化问题；绿建和海绵则要处理规范要求与整体艺术效果之间的矛盾；BIM要解决复杂空间的结构、管线综合布置与可视化的问题。

如果说方案创作是一次将传统与现代结合的感性之旅，那么施工图设计就像一场以技术为手段的面向未来而探索的理性之旅，建造宋韵的传世工程，既离不开感性的创意，也缺不了理性的实施。

3.1
土建设计的重难点技术

3.1.1 建筑设计

杭州国家版本馆项目的建筑专业施工图设计主要分为3个阶段。一是方案全面的优化阶段。主馆一～五区进行了系统、全面的调整，标高、柱跨间距、局部功能房间、墙体位置、内院位置、附属用房位置等均涉及调整；与此同步，绕山廊根据现场实际山地实勘地形也相应地进行了调整。二是方案小范围的优化阶段。包括南大门双曲面混凝土屋面局部取消，增加钢结构木构屋顶；展廊、展厅、主馆五区室内增加清水平顶、井格梁顶、密肋梁和清水混凝土墙、柱；主馆四区北侧展廊由平屋顶调整为斜屋顶。三是深化设计局部优化阶段。包括局部功能房间划分的优化调整，北池东侧增设游廊，主馆三区东侧技术用房增加窗洞，主馆三区1层序厅与展厅之间的柱子取消，主馆五区办公室与会议室布置调整，南大门增设天井和直达天井的梯段；在主馆一区景观坡道东侧、主馆五区北侧、主馆三区展廊与基藏之间局部增加了疏散楼梯或者梯段以解决消防疏散问题。

建筑设计的重点和难点与以往的项目相比有很大的区别，最大不同在于建筑师在边设计边施工的全过程中，需全程秉持极高的标准。常规项目的设计，建筑师、工程师分别根据建筑物的使用目的，按照相应的规范进行设计，需要满足空间、功能、使用的要求，充分考虑结构耐久、抗震的要求，消防的要求，同时兼顾环保、节能、采光的要求等。各专业设计师综合考虑方便施工、缩短工期的目的，选用正确合适的建筑材料，合理安排使用空间，优化设计，以实现经济目的。对于美观方面的考虑，在满足前面要求的基础上，创造一个更为舒适、优美的室内外环境，对建筑物室内装修、外形构造、表面装饰、颜色、外墙体系等都要做合理的设计。本项目的高标准要求下，建筑、结构、机电设备专业、各专项设计上的各专业面临着自身和多专业协同方面的难度，建筑作为牵头专业，起着承上启下的作用。

3.1.1.1 创新工艺的落地设计

（1）青瓷屏扇（图3-1）

杭州国家版本馆项目尝试将屏风这一古典元素从室内引至室外，在建筑的尺度上采用现代的技术手段重现它的功能性与艺术性。由于宋代屏风多为木质结构，材料的属性决定其无法简单放大，需要采用类似梁先生"翻译"的手法，用现在的建筑语言来表达。在功能上，将宋代屏风由室内装饰构件转化为建筑的立面构件，使其成为建筑的一部分，既能遮风挡雨又能旋转闭合，扩大了屏风的功能性，我们称其为屏扇。在材料选择上，宋代屏风多为木材、纸、布等材料所制，而本项目的屏扇非常高大，最高的超过10m，屏扇是一种创新构件，虽然是建筑立面的一部分，但不能完全按照建筑结构进行设计，既要保证自身的强度和刚度，还要考虑其运动工况下的荷载、受力和稳定性。经过反复计算和比较，采用了钢结构制作骨架，以顶端吊挂下端支撑的形式与建筑连接。按照效果的要求，屏扇的厚度最终控制在220mm，骨架侧边包覆青铜。屏扇正反两面的材料非常考究，没有采用常规的建筑饰面材料，而是定制了浙江龙泉的青瓷，一片片安装在门体上，因此成为青瓷屏扇。在青瓷瓷片颜色的选取上，以梅子青为主色调，选取四种不同的青绿颜色，排列组合形成了深浅渐变、和而不同的青瓷屏扇色彩搭配效果。青瓷片的标准尺寸为290mm×780mm×8mm，通过特殊研发的铜制卡扣件安装在屏扇上，确保了青瓷片面板的稳固，同时铜绿色的外露扣件与青瓷片颜色统一，起到了很好的装饰作用。在构件动作上，宋代屏风多为人工折叠，杭州国家版本馆项目的青瓷屏扇通过现代机电技术，实现了任意角度的自动旋转和任意位置的平移静止。这一功能除了使用便利以外，对于立面效果展示也提供了无数种可能，不同的门扇角度和位置能构成建筑千变万化的表情。

（2）夯土墙（图3-2）

秉承着"绿色、生态、环保"的科学理念，杭州国家版本馆项目的主馆一区和五区采用了大面积的夯土墙，其创造性和创新性都有了很大的提高。在材料方面，选取的是纯天然的生土和砂石，不增加任何其他胶粘型材料，不改变任何土质性能，最本真地表现土的质感。考虑到大面积和超长超

图3-1　青瓷屏扇

高的墙体稳定性，夯土墙中需要增加结构措施。经过计算，在墙体内部设置"廿"字形和"丰"字形钢构件，将夯土墙水平向分成若干区段，在钢构件的翼缘板上增设圆开孔来增加土的融合。对于＞4m的较长区域，在墙体中部增设工字钢构造柱。分缝及构造柱在楼层标高位置与主体结构进行有效的拉结，保证墙体平面外稳定。当楼层较高时（层高≥5m），分缝钢柱在楼层半高处与主体结构增设一道拉结。在夯土墙内部，采用传统工艺设置水平向的竹筋，增强整体性。在色彩方面，主馆五区和一区夯土墙局部添加色土，在整版夯土墙的局部进行了图形和颜色方面的一些改变，墙体更增鲜活、生动的意趣。

夯土墙施工过程中，天气渐冷，土的特点决定了夯造过程应在高于5℃的气温中进行，冬季施工是一个全新的挑战。项目团队分析了施工的实际情况，结合整体进度制定了人工干预措施，根据墙体所在位置分区设置暖棚，在内部采用设备加热和通风的方式加速墙体风干，不但保证了低温条件下的施工质量，还加速了整体的夯造进度。

图3-2　夯土墙

（3）青石花格砌（图3-3）

杭州国家版本馆项目借鉴花格窗的做法，用青石叠砌这种富有节奏和韵律的手法去装饰整个展廊的外墙面。青石的构造设计经过了充分的研究比选，并在实体上砌筑试样，确定了采用300mm×150mm×50mm的青石叠砌的做

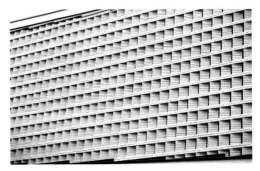

图3-3　青石花格砌

法。叠六层为一组，组与组之间用水平青石分隔。考虑到展廊高大，为了保证结构的安全性，在墙面周边一圈以及每组横向的青石中间均设置钢板格构体系，与混凝土主体结构相连，然后每块青石中间预留两个孔，中间穿螺纹杆将层叠的青石串起，固定在上下两端的钢板上。

整体来看，杭州国家版本馆项目的花格砌在青石肌理的设计上注重细节以均衡整体立面构图，虚实相间的效果与木纹清水混凝土墙面相得益彰，将展廊这一功能空间在立面形式上凸显出来，在光影变化中表现材料和建构的魅力，精美、多样的青石肌理凸显了美学中的节奏与韵律美，具体表现为横与竖的对立统一、虚与实的对比、光与影的变化，张弛有度、疏密得体，庄重而不失空灵，繁复而统一。

（4）木构藻井（图3-4）

主馆一区西侧贵宾厅采用了木构吊顶，形式上可以认为是一种简化的藻井。平面尺寸为15.6m×9.9m，中间约70m²范围设置了木构吊顶，采用160mm×60mm柚木构件纵横错位层叠，中部区域掏空为两层构件，形成一个方形上空的空间，在构造上简化了传统藻井的设计，并在木构架内部嵌入灯光照明系统。在结构形式上，传统藻井层叠在梁柱框架上方，上部承托着屋顶，而本项目通过

图3-4　木构藻井

59根吊杆将构架整体悬吊在楼板上。室内的木构吊顶并非有意模仿藻井的形式，从贵宾室的功能来看，室内空间需要有传统元素的表达，尤其是当墙体采用夯土墙和抹泥墙面的做法时，顶部采用木构的做法已经显而易见了，传统建筑的土与木的构造，在一方室内对话，以最朴素的形式诉说岁月变迁，见证复兴之路，对传统建筑形式的内涵进行了升华，赋予其时代的意义。

（5）金属吊索

杭州国家版本馆项目虽然是现代建筑，也尝试在内部的空间意境上表达宋代的文人气质。主馆二区是项目中一栋特殊的建筑，主体是横跨在小山包上的架空廊桥，将原小山包及其植被原封不动地保留下来，廊桥是一处观景平台，前有水池后有小山，环境优美，富有意境。设计非常巧妙地在廊桥两侧设置了528根不锈钢吊索，每根吊索直径10mm，以100mm间距排列，自木纹肌理清水井格梁顶悬挂而下，将30m长的廊桥吊起。廊桥的高度为7.5m，站在廊桥上一边可以欣赏主馆一区的建筑和水面，画屏静立，淡烟流水，另一边则是原场地内保留的山丘和松植，辅以人工置石相衬，山丘南侧小崖壁透露出一股原始、自然的粗犷意趣，犹如人工堆叠的假山，自然嶙峋的外形和山上长出的歪松和青苔，颇有"一林幽竹几时栽，怪石花砖砌绿苔"的景象。游人站在吊索之间，体验的是宋人用帘幕创造的诗一般的意境，根根笔直透亮的金属吊索仿佛一道宝帘，是内与外的一个分隔点，更是虚与实的一个交会点，帘外是漫无边际、无拘无束的感性，帘内则是真实存在的、触手可及的现实。

与主馆二区不同，主馆一区则是在室内的上空位置设计了三面金属吊索，吊索共计491根，每根吊索直径10mm，以100mm间距双排错列布置，穿越钢木构、木望板吊顶，自屋顶钢结构梁顶悬挂而下，将悬挑的"U"形走马廊（总长67.3m）悬吊起来，也将通高空间与过道空间通过"索帘"的形式明显区分了内外空间，取得隔而不断、流动空间的效果。

3.1.1.2　山体库设计

整个馆区的一大亮点之处是将原有开挖东南侧山体所形成的矿坑进行填补、复原，跟现状山体进行交接形成完整的山形地貌，并在其下部赋予建筑功能（图3-5）。在践行人事之工而又富有自成天然之趣的设计理念之路上，如何解决三面围合山势与建筑主体、不同功能体块竖向设计、上部茶田阶梯板的标高衔接等成为山体库设计之难点。

图3-5　山体库场址

山体库背山而建，茶田阶梯板作为日后种植茶树及大乔木、灌木等不同树种的底板充分融合于原有环境之中，观景阁作为整个馆区的制高点，坐落于整个山体库西南侧的半山之上，将茶田、南园及北馆尽收眼底。

（1）防水设计

考虑到茶田阶梯板之上种植茶树及乔、灌木，在解决其板防水的同时还要考虑植物根系对于结构板的影响及植物本身的成活等。茶田阶梯板本身具有水平及垂直面，再加之其上竖向混凝土翻边内外侧防水的工程量巨大，同时考虑施工的可行性，将其防水依据屋顶花园进行设计。考虑到茶田阶梯板下还有主体结构屋面板，为防止日后茶田阶梯板上有渗漏水至主体结构，在主体结构板上仍进行防水涂料涂刷，形成双重保护。

混凝土翻边外砌筑毛石在达到视觉美观效果的同时，因工程量较大，最终采用在覆土面以下200mm毛石基础为砖砌基础大放脚形式。考虑到毛石本身需与钢筋混凝土翻边进行拉结以实现结构稳定，为防止拉结筋对防水涂料及卷材造成破坏，将防水高度结束于覆土完成面250mm以上，而钢筋混凝土翻边内侧，防水涂料则跟通至翻边顶口，外与土壤接触面设30mm厚聚苯板保护层。

（2）景观配套设计

在获得实际山体的大致走势时，结合平面功能及柱网设计确定茶田阶梯板走势及分阶标高，原则上茶田阶梯板高差不宜过大，否则日后会有覆土坡度过大、侧面毛石露面较多的情况出现。但实际山体东侧推进较快，坡度较陡，而主体建筑又相较其往北侧更为突出，使得整个山体库东侧茶田阶梯板高差较中间部分及西侧大，设计的难点也聚焦于此部分。山体实际延展面较大，其上已有植被众多，通过无人机测量等手段获得山体准确数据较为困难。所以在施工过程中，得益于设计师驻场的条件，当现场浇筑下部标高茶田阶梯板后，可通过现场实地探勘、多次找寻边界

3　设计的技术表达

山体实际情况进行微观、小范围尺寸测量，同时通过模型反复推敲并借助数字工地所获得的实际山体点云模型，将其导入，最终得以确定合理的茶田阶梯板标高设计（图3-6）。将与实际山体完美融合的设计理念践行、落位于实际，这种几乎每天都要去现场探勘的辛勤会永久铭刻于设计师的内心，看到壮观的茶田阶梯板建造完成，设计师的价值感及成就感也是无比巨大的。

图3-6 山体库施工照片

山体库茶田阶梯板上，当雨量较小时，雨水可通过自然下渗，地表排水可转化为结构板上排水，当雨量较大时，自然下渗的速度较慢，地表会形成径流，此时排水会通过钢筋混凝土翻边挡墙前设置的地表排水口快速排出。挡墙上间隔10～15m贴上层结构板底设置排水管散排至下层茶田。从茶田阶梯板构造层次角度分析，在耐根穿刺防水卷材之上设置50mm厚细石混凝土刚性保护层，而后做20mm高塑料排水板的同时，其上也做了100mm厚陶粒层，使得在满足植物根系水土保持的同时能够对茶田阶梯板防水及排水做好防备。

茶田本身结合功能及景观需求，从下而上有两条"之"字形园路，数条自东而西展开的水平向园路。考虑到地表排水口雨量较大时排水压力较大，故结合园路做明沟以期快速排水。最终所有排水管接入山脚下截洪沟，进入整个馆区排水系统。

3.1.2 结构设计

3.1.2.1 概况

杭州国家版本馆由主馆一～五区、山体库、南大门、水榭、明堂、水阁、大观阁、观景阁、绕山廊等单体组成。根据各单体特点，采用了钢筋混凝土框架结构、框架剪力墙结构、剪力墙结构、钢–混凝土混合结构、钢木组合结构、木结构等不同结构体系。主要结构设计参数如表3-1所示。

主要结构设计参数		表 3-1
结构安全等级	主馆一～四区、山体库一级，其余建筑二级
地基基础设计等级	主馆及地下室、山体库甲级，其余乙级
设计使用年限	主馆一～四区、山体库100年，其余建筑50年
地面粗糙度类别	B类
基本风压	0.50kN/m²（100年一遇），0.45kN/m²（50年一遇）
基本雪压	0.50kN/m²（100年一遇），0.45kN/m²（50年一遇）
地震设防烈度	6度
抗震设防类别	主馆一～四区、山体库重点设防类，其余建筑标注设防类
场地类别	Ⅱ类
地震动参数	峰值加速度为0.05*g*，反应谱特征周期0.35s，设计使用年限为100年的单体，根据规范要求相应放大

不同于普通公共建筑，本项目主馆一～四区、山体库等建筑的设计使用年限为100年，我们从结构计算、构造做法等方面采取合理措施，保证建筑的安全性、耐久性。

3.1.2.2　设计原则

结合本项目特点，制定了"满足结构安全及现行规范的前提下，采用精细化设计，最大限度实现建筑设计意图"的结构设计原则，本着"结构成就建筑之美"的初心，为打造传世精品贡献结构力量。

主要建筑单体的结构计算模型如图3-7～图3-11所示。

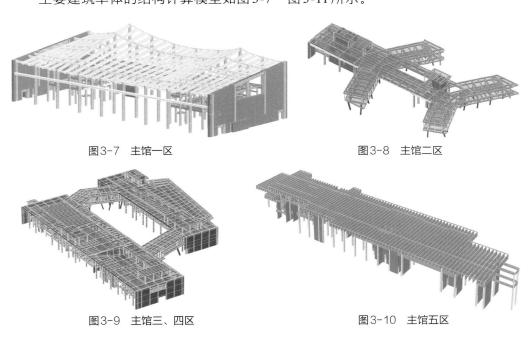

图3-7　主馆一区　　　　　　　　　　图3-8　主馆二区

图3-9　主馆三、四区　　　　　　　　图3-10　主馆五区

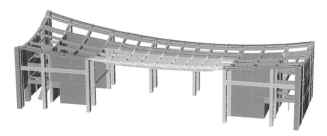

图3-11 南大门

3.1.2.3 清水混凝土构件设计

建筑外立面采用了大量的清水混凝土元素，如何保证清水混凝土效果的完美呈现，对结构设计及施工都是很大挑战。为此，设计与施工团队从清水混凝土特性出发，在结构缝设置、清水模板制作、混凝土浇捣等多方面进行探讨，制定有针对性的设计施工措施，实现了清水混凝土效果的完美呈现。

主馆展廊和风雨廊区域，下部为架空空间，该区域底面均为木纹清水混凝土板。经方案比选，采用了双层板的做法，下层板采用清水工艺实现建筑效果，上层板采用钢筋桁架楼承板满足使用功能需求，在减小结构质量的同时，最大限度地保证了板底的清水混凝土效果，双层板构造见图3-12，上层钢筋桁架楼承板见图3-13。

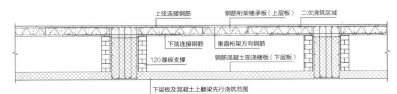

图3-12 双层板构造图

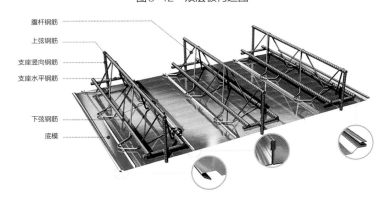

图3-13 上层钢筋桁架楼承板

主馆二～四区之间设置斜柱游廊，斜柱倾斜错落，同时与游廊的斜面楼板相接，空间关系复杂（图3-14、图3-15）。斜柱采用了木纹清水混凝土效果，为了保证建筑效果的完美呈现，结构设计时针对每一根斜柱单独考虑其倾角和倾向，为模板加工及钢筋放样提供准确的依据。同时，通过合理选择其柱底落点的位置，使其形成稳定的空间结构体系，确保上部建筑的荷载能可靠地向基础传递。

图3-14 斜柱游廊图

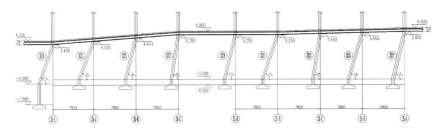

图3-15 斜柱空间放样图

3.1.2.4 夯土墙设计

主馆一区和五区采用了大量的夯土墙作为建筑的外围护和分隔墙体(图3-16~图3-18),夯土墙厚度为600mm、750mm,单片墙最大高度达15m,在确保墙身稳定性的同时,还要保证夯土墙的立面效果,这是该项目的设计难点之一。

设计时采用了以下构造措施保证夯土墙的安全及稳定:

(1)根据建筑效果要求,通过设置竖向"丰"或"廾"字形钢构件将夯土墙分为若干区段,对于长度>4m的区段,在墙内增设工字钢构造柱。

(2)分缝及构造钢柱在楼层标高位置与主体结构的混凝土梁或柱进行有效拉

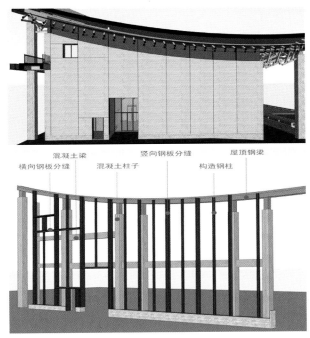

图3-16 主馆一区局部夯土墙立面图

结，保证夯土墙平面外稳定性。当层高较高时（层高≥5m），分缝钢柱在楼层半高处与主体结构框架柱增设一道拉结。

（3）夯土墙顶部设置压顶钢梁或钢板，并与构造柱及主体结构有效拉结。

（4）室内夯土墙顶部两侧设置混凝土梁，保证夯土墙的平面外稳定性。

（5）夯土墙内每300mm在墙内水平方向放置纵向@100mm、横向@300mm的15～20mm宽竹筋，以提高夯土墙的整体性。

（6）夯土墙面应涂刷或喷涂与夯土墙相容性较好的憎水材料。

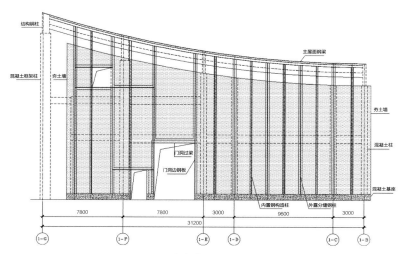

图3-17　夯土墙内钢柱立面布置图

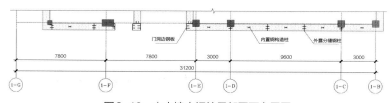

图3-18　夯土墙内钢柱局部平面布置图

3.1.2.5　山体库设计

山体库的选址为矿山开矿后遗留的空地（图3-19），根据建筑的设计理念，将山体库建成后与自然山体融为一体，山体库整体轮廓与自然山体的走势协调一致。结构设计时须充分考虑不同区段标高的错落有致排列，把错层结构的设计分析用到极致，使建筑既能满足标高层层变化的要求，又符合性能化设计的理念，对薄弱部位进行有效加强。

为降低施工难度和建设成本，主体结构外墙与山体护坡挡墙采用"两墙合一"的设计方式，实现建筑与山体真正的一体化设计。这种设计方式是山地建筑和岩土结构设计的一个难点，需要经过全面的抗震性能分析和边坡稳定分析（图3-20）。为了确保山体库防水的万无一失，整个山体库的上下左右前后六面均设有空腔，完全与室外隔绝。

图3-19 矿山原状地貌

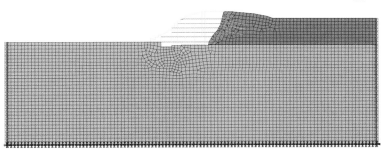

图3-20 山体库与山体协同分析模型

山体库将来更多的是承载收藏重要文物、文献的功能，防护设计时充分考虑了防盗安全防护与战时人防防护的要求，将两者有机结合起来，既节约资源，又满足结构防护的需求。地下室设计时采用局部抗浮与整体抗浮相结合的方式，对局部抗浮存在风险处，增加抗拔锚杆以满足抗浮要求。

山体库总长168m，由于防护和防水要求不宜设置永久性变形缝，结构采取抗的原则抵抗和承受温度效应的影响。采用MIDAS/Gen建立有限元模型进行温度应力计算，同时采取以下构造措施：楼板配筋沿纵向双层拉通且提高板配筋率；纵向框架梁按偏心拉弯构件进行承载力计算并提高梁腹配筋率；设置施工后浇带，混凝土采用低温入模，低温养护，减少混凝土水灰比和水泥用量；做好屋面保温措施，及时回填屋面覆土。

3.1.2.6 其他设计要点

主馆一区、南大门屋面为异形双曲屋面，结构设计采用了钢结构屋面，利用BIM技术，采用空间建模方法，精确地把结构受力构件模拟出来，进行受力分析。为了最大限度地保留场地原有景观，主馆二区跨越山体，中部最大跨度为32.4m，综合考虑建筑效果及施工两个方面，采用了大跨度型钢混凝土梁。主馆二区所在场地地形复杂，采用了钻孔灌注桩、人工挖孔桩、柱下扩展基础等基础形式，基础持力层为强风化凝灰岩、中风化凝灰岩，设计考虑了基础差异沉降对主体结构的影响。

南大门外立面为清水混凝土外墙，以清水混凝土外墙和框架柱作为结构竖向构件形成框架-剪力墙结构体系。为满足建筑空间要求，对局部进行抽柱处理，形成局部大空间、高挑空建筑布局。屋面采用双曲屋面，结构设计同时考虑结构受力和建筑使用功能，在局部功能用房上空采用现浇钢筋混凝土屋面，在大跨度区域采用钢结构屋面。为释放大跨度弧形钢梁受力产生的巨大拉应力，在钢梁与混凝土柱或混凝土梁连接节点处采用滑动支座假定，允许钢梁出现位移（图3-21）。节点设计时，通过在连接板上开长圆孔保证钢梁位移，使钢梁实际工作状态与计算假定一致。

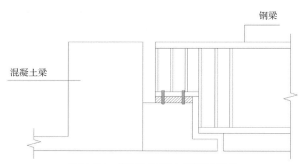

图3-21 钢梁与混凝土梁连接节点

水阁由位于中心的钢筋混凝土核心筒及四周纵横叠加的钢木悬挑梁组成，最大悬挑长度达5.5m。钢梁采用箱形截面，纵横向各3层，形成整体受力的空间悬挑桁架体系。除常规设计软件外，采用有限元分析软件对空间悬挑桁架进行精细计算分析（图3-22），根据计算结果，对受力较大的部位进行局部加强。对于连接节点的设计，充分考虑了施工的可行性和便利性，保证钢木复合构件的安装精度。

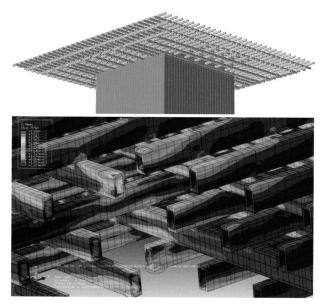

图3-22 水阁计算模型及有限元分析结果

观景阁、水榭、明堂的建筑设计包含大量木构元素，但局部跨度、悬挑长度超出了纯木构所能实现的范畴，为此我们采用了钢木复合构件，达到建筑效果与结构受力需求的统一（图3-23、图3-24）。

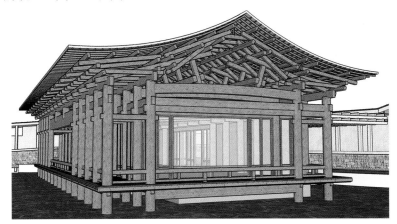

图3-23　水榭三维模型

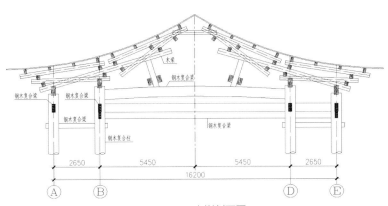

图3-24　水榭剖面图

本项目设计过程中，结构设计与建筑、设备、幕墙、景观、市政、内装、泛光照明等专业密切配合，对青瓷屏扇、干挂混凝土板、栏杆立柱、景观挡墙、室内木构吊顶等进行了计算分析，对屋顶景观大树采取了防护措施，将绕山廊基础设计与市政截洪沟相结合、将主馆一区室内景观坡道竖向支撑与幕墙立柱合二为一，不同专业间的有效协作很好地实现了建筑设计意图，确保了本项目结构的安全性。

3.1.3　机电设计

3.1.3.1　暖通空调设计

（1）概况

杭州国家版本馆项目的暖通空调设计主要包括以下内容：主馆区地下1、2层为汽车库、自行车库、设备机房、报告厅、典藏书库及其配套用房等；主馆区地上1～4层为报告厅、交流厅、接待大厅、办公、展览、基藏书库、技术用房及配套用房，还包括几栋独立的小建筑单体如南大门、大观阁、水榭、水阁、门卫等；山体库地下6层，主要为汽车库、设备用房、观景阁、典藏书库、特藏书库、智慧运维中心、数据中心及配套用房。

（2）设计参数

主要围护结构热工性能参数及主要功能房间室内空调设计参数满足《公共建筑节能设计标准》GB 50189—2015和《绿色建筑设计标准》DB33/1092—2021权衡计算值，具体见表3-2，表3-3。

主要围护结构热工性能参数　　　　　　　　　　　　　　　表3-2

围护结构	传热系数[W/(m²·K)]	太阳得热系数
外墙	0.82（主馆）/0.62（山体库）	—
屋面	0.49	—
外窗	2.4	0.35
内墙	1.08	—
接触室外空气楼板	1.22	—

主要功能房间室内空调设计参数　　　　　　　　　　　　　　表3-3

房间名称	室内温度（℃）		相对湿度（%）		新风量（m³/h）
	夏季	冬季	夏季	冬季	
基藏、保藏	20±2	20±2	（50～60）±5	（50～60）±5	350/库
典藏、特藏1	20±1	20±1	（50～60）±5	（50～60）±5	350/库
典藏、特藏2	20±1	20±1	（40～50）±5	（40～50）±5	350/库
展厅	22～26	18～22	45～60	45～60	20/人
报告厅	24～26	18～22	40～60	≥30	20/人
备展库、技术用房	20～24	20～24	45～60	45～60	维持微正压
办公	24～26	18～22	40～60	—	30/人
门厅	26～28	18～22	45～60	—	10/人
数据机房	18～27	18～27	35～60	35～60	维持微正压

（3）空调设计

本工程空调冷热负荷采用鸿业计算软件[谐波法]V8.0进行逐时逐项计算，地下书库按软件的地下室模型特别考虑了地下室顶板和壁面对室内的最不利散热与散湿，各空调区域空调负荷见表3-4。

各空调区域空调负荷统计表　　　　　　　　　　　　　　　表3-4

空调区域	冷负荷（kW）	空调面积（m²）	空调面积冷负荷指标（W/m²）	热负荷（kW）	空调面积热负荷指标（W/m²）
主馆舒适性空调	3585	16606	216	2425	146
主馆书库工艺性空调	583（208人防无再热）	9760	60/33	232	24
山体库舒适性空调	325	1870	174	133	71

空调区域	冷负荷（kW）	空调面积（m²）	空调面积冷负荷指标（W/m²）	热负荷（kW）	空调面积热负荷指标（W/m²）
山体库工艺性空调	645（305人防无再热）	8840	73/35	230	26
多联机舒适性空调	240	1331	180	160	120
山体库数据中心	553	538	1028	—	—
北区信息机房	133	147	905	—	—

1）冷热源

北区地下及主馆区合用一套集中式冷水机组及锅炉，平时空调冷源为电动螺杆式水冷冷水机组3台，其中两台为变频部分热回收机组，当冷水机组任何一台故障时，均有至少一台变频热回收机组运行，保证书库的空调冷热负荷均不受影响，冷水机组单台额定制冷量1470kW，机组性能系数（COP）≥5.64；供回水温度为7/12℃；平时空调热源为燃气真空热水机组3台，单台额定制热量1050kW，供回水温度为55/45℃，设置于地下1层机房内。

山体库平时冷热源为四管制螺杆式热回收型风冷热泵机组，可同时制冷制热，很好地应用于书库恒温恒湿空调制冷同时需要再热负荷的环境，平时使用螺杆式风冷热泵2台，单台制冷量520kW，夏季供回水温度为5/10℃（应对较低的书库相对湿度要求），再热水供回水温度为37/32℃，冬季供回水温度为45/40℃；设置在对噪声不是特别敏感的山体库茶田阶梯板上，无冷却塔和冷冻机房设置，简化系统并节约了冷热源机房设置面积。为使山体库室内空气状态不因空调设备故障受影响，将战时风冷热泵作为平时风冷热泵的备用机组。

南大门、大观阁、水榭、消控室等，设置风冷VRF多联式空调系统，空调室外机均设于隐蔽空间内。

北区信息机房、山体库数据中心配套设置风冷数据机房专用精密空调。其中山体库数据中心在战时需要运行，空调外机设置在人防防护区设备机房内，通过机械通风将空调室外机的冷热负荷经扩散室、防爆波活门散出室外，机房内预留给水点。当后期数据中心有可能超负荷运行时，可在机房内设置雾化蒸发冷风机进一步降温。

2）空调水设计

除展厅外的所有舒适性空调冷热水系统均采用两管制一级泵变流量方式，冷热水泵分别设置，冷热水合用管道。为了节约能耗、节约空间、节约造价、简化空调水系统管路，风机盘管与空气处理机组共用立管，每台空气处理机组回水支管均设置动态平衡调节阀，风机盘管及展廊小型柜式空调箱在每层横干管回水管设置动态压差平衡阀，以达到系统良好的动态水力平衡，避免大流量小温差现象出现。展厅及所有恒温恒湿空调水系统均为四管制一级泵变流量方式。

3）空调风系统设计

恒温恒湿书库按使用功能有主馆地上的基藏书库、北区地下典藏书库、山体库典藏书库及特藏书库。书库采用全空气一次回风系统，每间书库新风量按不小于维持书库5Pa正压计算得350m³/h，为了避免空气处理机故障引起书库内空气温湿度波动，所有书库空气处理机设一用一备，空气经机房内的空气处理机混风、初中效过滤、冷盘管、再热盘管、光催化过滤、电加湿、末端电加热集中处理后，经风管送至房间，通过条缝风口下送，集中侧墙回风。以山体库B2层T-4特藏书库为例，空调一次回风夏季处理过程焓湿图见图3-25，空调独立新风加末端干盘管夏季处理过程焓湿图见图3-26。

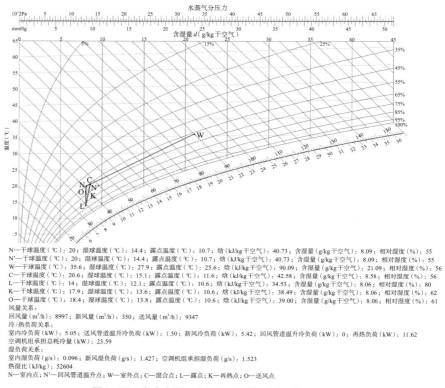

N—干球温度（℃）：20；湿球温度（℃）：14.4；露点温度（℃）：10.7；焓（kJ/kg干空气）：40.73；含湿量（g/kg干空气）：8.09；相对湿度（%）：55
N'—干球温度（℃）：20；湿球温度（℃）：14.4；露点温度（℃）：10.7；焓（kJ/kg干空气）：40.73；含湿量（g/kg干空气）：8.09；相对湿度（%）：55
W—干球温度（℃）：35.6；湿球温度（℃）：27.9；露点温度（℃）：25.6；焓（kJ/kg干空气）：90.09；含湿量（g/kg干空气）：21.09；相对湿度（%）：56
C—干球温度（℃）：20.6；湿球温度（℃）：15.1；露点温度（℃）：11.6；焓（kJ/kg干空气）：42.58；含湿量（g/kg干空气）：8.58；相对湿度（%）：56
L—干球温度（℃）：14；湿球温度（℃）：12.1；露点温度（℃）：10.6；焓（kJ/kg干空气）：34.53；含湿量（g/kg干空气）：8.06；相对湿度（%）：80
K—干球温度（℃）：17.9；湿球温度（℃）：13.6；露点温度（℃）：10.6；焓（kJ/kg干空气）：38.49；含湿量（g/kg干空气）：8.06；相对湿度（%）：62
O—干球温度（℃）：18.4；湿球温度（℃）：13.8；露点温度（℃）：10.6；焓（kJ/kg干空气）：39.00；含湿量（g/kg干空气）：8.06；相对湿度（%）：61
风量关系：
回风量（m³/h）：8997；新风量（m³/h）：350；送风量（m³/h）：9347
冷/热负荷关系：
室内冷负荷（kW）：5.05；送风管道温升冷负荷（kW）：1.50；新风冷负荷（kW）：5.42；回风管道温升冷负荷（kW）：0；再热负荷（kW）：11.62
空调机组承担总耗冷量（kW）：23.59
湿负荷关系：
室内湿负荷（g/s）：0.096；新风湿负荷（g/s）：1.427；空调机组承担湿负荷（g/s）：1.523
热湿比（kJ/kg）：52604
N—室内点；N'—回风管道温升点；W—室外点；C—混合点；L—露点；K—再热点；O—送风点

图3-25　书库空调一次回风夏季处理过程焓湿图

由详细的空调负荷计算书得知，地下书库的室内余热量只有5.05kW，余湿量也不大，只有0.096g/s。在全空气一次回风处理过程中，为了达到设计要求的较低相对湿度值，室内空气在空调机内需要处理到较低的温度以除去多余含湿量，较低温度的空气又需要再热以维持室内空气温度不至于持续降低，同时室外新风参数大幅波动时也容易造成室内空气参数不稳定。分析图3-25和图3-26焓湿图不同处理方式，可知新风独立处理加末端干盘管处理方式的耗冷量更低，几乎是一次回风再热系统耗冷量的50%，结合多年设计经验，本次设计将地下书库的新风进行独立预处理，尽量多让新风承担书库湿负荷，从而使末端空调处理机趋近干盘管运行的最佳节能状态。

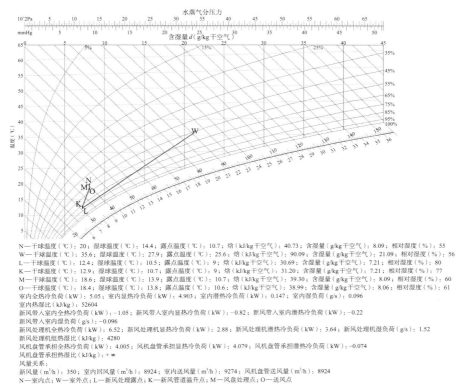

N—干球温度（℃）：20；湿球温度（℃）：14.4；露点温度（℃）：10.7；焓（kJ/kg干空气）：40.73；含湿量（g/kg干空气）：8.09；相对湿度（%）：55
W—干球温度（℃）：35.6；湿球温度（℃）：27.9；露点温度（℃）：25.6；焓（kJ/kg干空气）：90.09；含湿量（g/kg干空气）：21.09；相对湿度（%）：56
L—干球温度（℃）：12.4；湿球温度（℃）：10.5；露点温度（℃）：9；焓（kJ/kg干空气）：30.69；含湿量（g/kg干空气）：7.21；相对湿度（%）：80
K—干球温度（℃）：12.9；湿球温度（℃）：10.7；露点温度（℃）：9；焓（kJ/kg干空气）：31.20；含湿量（g/kg干空气）：7.21；相对湿度（%）：77
M—干球温度（℃）：18.6；湿球温度（℃）：13.9；露点温度（℃）：10.7；焓（kJ/kg干空气）：39.30；含湿量（g/kg干空气）：8.09；相对湿度（%）：60
O—干球温度（℃）：18.4；湿球温度（℃）：13.8；露点温度（℃）：10.6；焓（kJ/kg干空气）：38.99；含湿量（g/kg干空气）：8.06；相对湿度（%）：61
室内全热冷负荷（kW）：5.05；室内显热冷负荷（kW）：4.903；室内潜热冷负荷（kW）：0.147；室内湿负荷（g/s）：0.096
室内热湿比（kJ/kg）：52604
新风带入室内全热冷负荷（kW）：-1.05；新风带入室内显热冷负荷（kW）：-0.82；新风带入室内潜热冷负荷（kW）：-0.22
新风带入室内湿负荷（g/s）：-0.096
新风处理机全热冷负荷（kW）：6.52；新风处理机显热冷负荷（kW）：2.88；新风处理机潜热冷负荷（kW）：3.64；新风处理机湿负荷（g/s）：1.52
新风处理机热湿比（kJ/kg）：4280
风机盘管承担全热冷负荷（kW）：4.005；风机盘管承担显热冷负荷（kW）：4.079；风机盘管承担潜热冷负荷（kW）：-0.074
风机盘管热湿比（kJ/kg）：+∞
风量关系：
新风量（m³/h）：350；室内回风量（m³/h）：8924；室内送风量（m³/h）：9274；风机盘管送风量（m³/h）：8924
N—室内点；W—室外点；L—新风机露点；K—新风管道温升点；M—风盘处理点；O—送风点

图3-26　书库空调独立新风加末端干盘管夏季处理过程焓湿图

在设计过程中，业主邀请了湖南大学土木学院CFD研究中心与设计师共同探讨调整书库的室内空调气流组织设计，通过将靠近侧墙的风口进一步贴近侧墙设置，调整了每个风口的不同风量与风速，增减部分风口后的布置见图3-27，获得了如图3-28、图3-29所示的室内温湿度分布图。

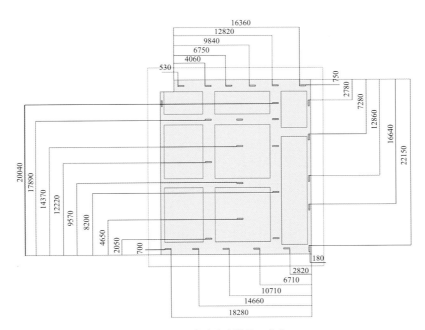

图3-27　书库室内送风口分布

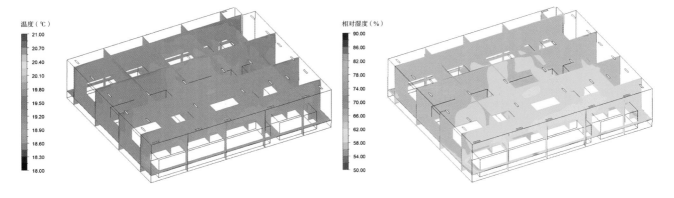

图3-28　送风温度为19℃时夏季书库内温度分布　　　　　图3-29　送风温度为19℃时夏季书库内相对湿度分布

可见，T-4特藏书库内温湿度场基本均匀，温度波动在20±1℃范围内，相对湿度波动在55%±5%范围内。

4）展厅、展廊

展厅、展廊空调系统分为2个独立系统，即展品的恒温恒湿展柜（由业主自行采购设置）和展厅大空间的舒适性空调系统。本设计的展厅舒适性空调采用全空气一次回风系统，空气经机房内的空调机混风、初中效过滤、冷盘管、再热盘管、微静电过滤、湿膜加湿集中处理后，通过风管高处双侧百叶风口侧送，回风因房间底部满布的各种展柜阻挡，只能利用同高处的通长装饰百叶风口接回空调机组。展厅、展廊按高标准配置有再热、加湿等空气处理功能段，以三馆展厅2为例，一次回风夏季处理过程见图3-30，展厅内送回风口布置及风量在湖南大学土木学院CFD研究中心的数值模拟指导下，调整后的平面图见图3-31。

通过数轮风口位置、风量及风速调整后的展厅气流组织，基本达到了温湿度相对稳定的要求，见图3-32和图3-33。

5）数据机房

与机柜配套设置机房专用精密空调，空调内机间隔嵌入机柜内，很好地对机柜进行散热。

（4）自动控制系统设计

本工程设置楼宇自控系统，自控内容包括相关条件参数和控制参数的检测、运行调节、设备运行状态显示、手自动转换、故障报警、工况转换、相关联动控制、能量计量、运行数据记录等。

冷冻机房设机组群控，水系统设供回水温度检测及回水总管流量计，控制冷水机组、冷却塔及相关水泵的运行，各支路设能量计量装置，冷水机组优先采用控制运行台数方式。

空调冷、热水系统采用一次泵变水流量控制，利用供回水主管压差调节水泵变频器，调节水泵流量适应系统末端水量变化，以节省运行费用。当水泵变频至综合

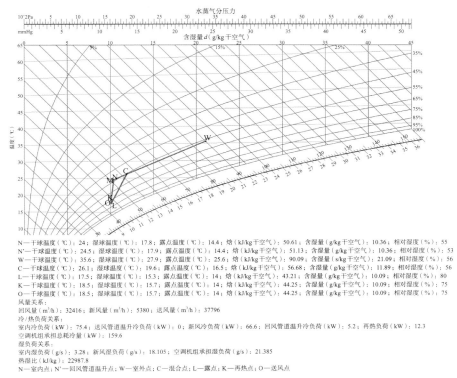

N—干球温度（℃）：24；湿球温度（℃）：17.8；露点温度（℃）：14.4；焓（kJ/kg干空气）：50.61；含湿量（g/kg干空气）：10.36；相对湿度（%）：55
N'—干球温度（℃）：24.5；湿球温度（℃）：17.9；露点温度（℃）：14.4；焓（kJ/kg干空气）：51.13；含湿量（g/kg干空气）：10.36；相对湿度（%）：53
W—干球温度（℃）：35.6；湿球温度（℃）：27.9；露点温度（℃）：25.6；焓（kJ/kg干空气）：90.09；含湿量（s/kg干空气）：21.09；相对湿度（%）：56
C—干球温度（℃）：26.1；湿球温度（℃）：19.6；露点温度（℃）：16.5；焓（kJ/kg干空气）：56.68；含湿量（g/kg干空气）：11.89；相对湿度（%）：56
L—干球温度（℃）：17.5；湿球温度（℃）：15.3；露点温度（℃）：14；焓（kJ/kg干空气）：43.21；含湿量（g/kg干空气）：10.09；相对湿度（%）：80
K—干球温度（℃）：18.5；湿球温度（℃）：15.7；露点温度（℃）：14；焓（kJ/kg干空气）：44.25；含湿量（g/kg干空气）：10.09；相对湿度（%）：75
O—干球温度（℃）：18.5；湿球温度（℃）：15.7；露点温度（℃）：14；焓（kJ/kg干空气）：44.25；含湿量（g/kg干空气）：10.09；相对湿度（%）：75
风量关系：
回风量（m³/h）：32416；新风量（m³/h）：5380；送风量（m³/h）：37796
冷/热负荷关系：
室内冷负荷（kW）：75.4；送风管道温升冷负荷（kW）：0；新风冷负荷（kW）：66.6；回风管道温升冷负荷（kW）：5.2；再热负荷（kW）：12.3
空调机组承担总耗冷量（kW）：159.6
湿负荷关系：
室内湿负荷（g/s）：3.28；新风湿负荷（g/s）：18.105；空调机组承担湿负荷（g/s）：21.385
热湿比（kJ/kg）：22987.8
N—室内点；N'—回风管道温升点；W—室外点；C—混合点；L—露点；K—再热点；O—送风点

图3-30　展厅2一次回风夏季处理过程

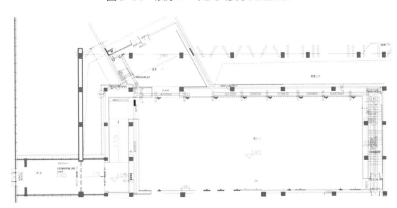

图3-31　主馆三区展厅2送回风口布置平面图

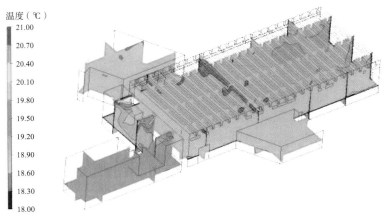

温度（℃）

图3-32　室内温度分布

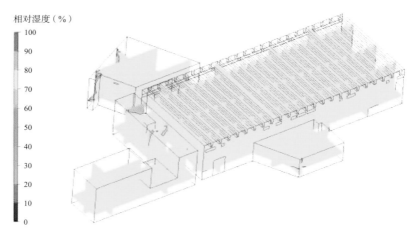

相对湿度（%）

图 3-33　室内相对湿度分布

能效下最小赫兹（设定 35Hz）时，水泵流量仍大于末端水量时开启供回水主管之间的电动旁通阀，让一部分水量从供水主管旁通至回水主管，以满足末端小流量的要求；热水系统控制方式与冷水系统相似。

对空调冷水机组、冷冻水泵、冷却水泵、冷却塔风机、热水机组、热水泵、电动阀等进行监控管理，监控内容包括运行调节、远程启停、故障报警等；冷热源系统具体控制原理见图 3-34～图 3-36。

全空气舒适性空调系统控制：空气处理机冷、热水回水管路设动态平衡电动调节阀及风机变频器，根据送风温度控制电动阀开度调节水量，根据回风温度控制风机变频器调节风量（设 35Hz 为运行频率下限保证室内气流组织），以节省运行费用，电动阀与风机联动启闭；冬季根据室内相对湿度控制加湿器水阀；空调机组风过滤器阻塞报警；防冻报警；水侧电动阀与空调系统运行连锁；与 BA 系统

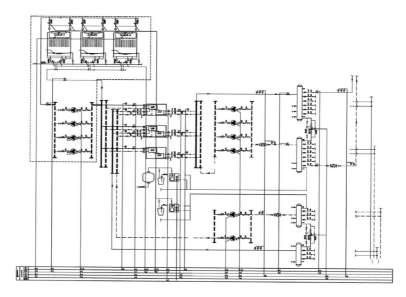

图 3-34　北区地下平时冷源系统控制原理图

通信实现监视、启停和再设定；机组新风、回风入口设有电动调节阀，空调季空调系统采用CO_2浓度控制新风量；过渡季及冬季可实现变新风比控制；控制原理见图3-37。

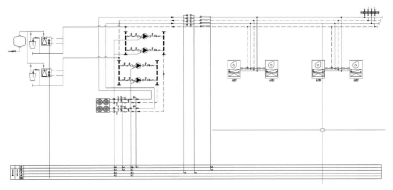

图3-35　北区地下战时冷热源系统控制原理图

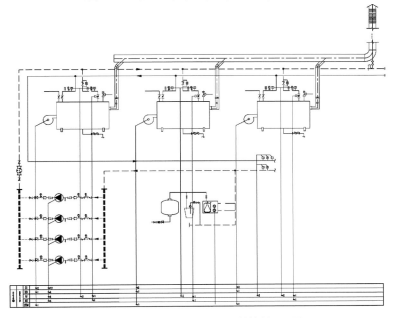

图3-36　北区地下平时热源系统控制原理图

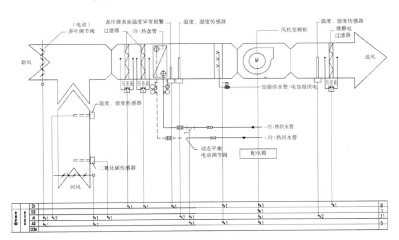

图3-37　全空气舒适性空调系统控制原理图

全空气工艺性空调系统控制：空气处理机冷、热水回水管路设动态平衡电动调节阀及风机变频器，系统以湿度控制优先，根据回风相对湿度控制电动阀开度调节水量达到设定的露点温度，然后调节再热水系统电动阀开度及末端微调电加热达到设定送风温度，由回风温度控制风机变频器调节风量（设35Hz为运行频率下限保证室内气流组织），以节省运行费用；也可选择根据回风温度调节再热水系统电动阀开度，风机不变频；电动阀与风机联动启闭；冬季根据室内相对湿度控制电加湿器功率进行加湿；空调机组风过滤器阻塞报警；防冻报警；水侧电动阀与空调系统运行连锁；新风入口设置电动开关风阀，与空调机组连锁启闭，系统新回风比不变；与BA系统通信实现监视、启停和再设定；控制原理见图3-38。

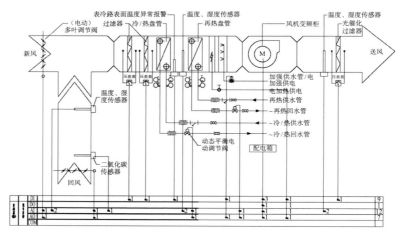

图3-38 全空气工艺性空调系统控制原理图

新风空调系统控制：由新风送风温度控制回水管上的动态压差平衡调节阀；根据送风湿度设定值控制湿膜加湿器水阀；新风系统各种温、湿度监示、新风机组风过滤器阻塞报警、防冻报警、水侧电动阀与新风空调系统运行连锁；新风入口设置电动开关风阀，与空调机组连锁启闭；与BA系统通信实现监视、启停和再设定；控制原理见图3-39。

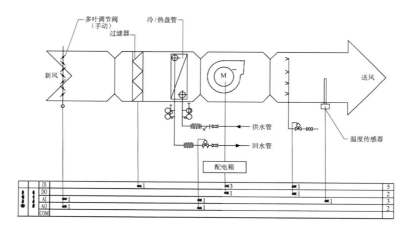

图3-39 新风空调系统控制原理图

风机盘管系统每层的回水横干管安装动态压差平衡阀动态调节该横干管的流量、压差平衡，风机盘管由安装在回水管上的电动两通阀，根据该区域室内温度进行自动开、关控制。同时控制器上设有三速开关，可就地调节送风量，控制原理见图3-40。

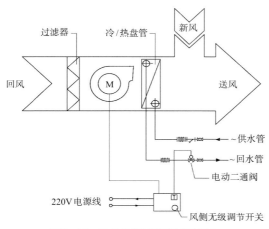

图3-40　风机盘管系统控制原理图

（5）节能设计

1）热回收型冷水机组、风冷热泵机组应用

以T-4特藏书库为例，为达到书库20℃室内温度，55%的相对湿度，需要空气处理到机器露点14℃，而室内冷负荷很小，只有5.05kW，如果处理到该点的空气直接送入书库，将会使书库室内温度越来越低从而失调，这时候需要将处理过冷的空气再热回到18.4℃以达到室内温湿度要求，在这个空气处理过程中产生了再热需求量11.6kW。统计所有书库的再热加热量约420kW，如果采用锅炉加热则需要全年24h运行锅炉，如果采用电加热则对电网会带来巨大的影响。本设计采用热回收型机组在设备制冷同时对产生的冷凝热进行部分或全部回收，几乎可免费获得所需要的加热量，大幅降低空调能耗。

2）设置新回风全热交换器

本工程的展廊面积较大，新排风量需求较大，在展廊下方夹层位置设置了一台6000m³/h风量的全热回收带冷热盘管型新回风机组，回收了排风中的冷、热量，经进一步热湿处理后的新风承担了展廊的全部新风供给及部分展廊的室内热湿负荷。

3）过渡季节增加新风量

报告厅、展厅等舒适性空调的全空气系统，在新回风管设置电动调节阀，接入BA系统，过渡季节通过新回风焓值比较调节新回风量大小，直至新风量达到相当于总风量的70%运行，在有效改善室内空气品质的同时节约了大量的空调能耗。

（6）防排烟设计

1）自然通风防烟设计

仅服务于地下1层的封闭楼梯间，在首层设置有效面积不小于1.2m²的可开启外窗或采用直通室外的疏散门自然通风防烟，服务于地下2层的封闭楼梯间，在首层最高处设置有效面积不小于2m²的可开启外窗。

2）机械加压送风防烟设计

本工程主馆地上最高4层，地下2层，建筑高度不超过24m，设置封闭楼梯间；山体库地下6层，设置防烟楼梯。针对开窗满足不了自然通风要求的封闭楼梯间、防烟楼梯间、独立前室、合用前室均设置机械加压送风系统，加压送风机设置于首层或地下室专用机房内。

设计机械加压送风的前室、合用前室与走道之间的压差为25～30Pa，楼梯间与走道之间的压差为40～50Pa；当系统余压值超过最大允许压力差时，启动旁通泄压系统，余压检测取样口一端覆盖装饰性盖板设置于楼梯间或前室内，另一端设置在相当于零压的机房内，达到功能与美观性的统一。

3）自然排烟设计

按《浙江省消防技术规范难点问题操作技术指南（2020版）》（浙消〔2020〕166号），对一馆大厅后方坡道高大空间采用自然排烟方式，排烟面积按不小于地面面积的5%设置侧面电动排烟窗，坡道所在空间净高10.05m，坡道跨越2层，第2层地面标高是6.60m，按《建筑防烟排烟系统技术标准》GB 51251—2017计算可得最小清晰高度为8.55m，侧面排烟囱高度在清晰高度8.55m以上，通过1层直接对外大门自然补风。

五馆1、2层交流空间，虽跨越2层，但空间净高是5.70m，根据《建筑防烟排烟系统技术标准》GB 51251—2017，按不小于地面面积的2%设置侧面电动自动排烟窗。五馆门厅跨越3层，空间净高为9.31m，按中庭设置电动自动排烟窗有效面积60m²，位置在3层清晰高度以上侧墙及屋面设置。自然排烟窗设置手动开启装置，对于在高位不便于直接开启的自然排烟窗，设置距地高度1.3～1.5m的手动开启装置。

4）机械排烟设计

地下汽车库、自行车库、疏散走道、人员或可燃物较多的房间等按常规设置机械排烟系统。一馆通高大厅跨越两层，空间净高12.05m，在上层有实体墙和周围房间分隔，设计机械排烟方式，最小清晰高度在2层清晰高度以上，为7.73m，取8.73m设计清晰高度，排烟量按高大空间计算为122187m³/h。二馆跨层展厅空间净高11.30m，在上层有实体墙和周围房间分隔，设计机械排烟方式，最小清晰高度在2层清晰高度以上，为8.94m，排烟量按高大空间计算为118814m³/h。

（7）建筑效果控制下的设计

暖通空调设计中涉及的空调室外机、风冷热泵、冷却塔、空调风口等都需要直接暴露在室内外空气中，与建筑本身的装饰要求是一对难以调和的矛盾。在与相关专业不停地沟通协调中，达成了如下目前各方相对满意的结果。南大门、门卫等将局部屋面设置成下凹式天井用于放置空调外机，所有空调外机选用新型的低矮型产

传承宋韵　文润东方
中国国家版本馆杭州分馆工程创新与实践

品，可以减少下凹天井深度约500mm；水榭的空调外机同样选用低矮型设备，设置在亲水平台下方侧墙处，视觉上基本可以忽略它的存在；大观阁的空调外机设置在室外楼梯梯段板下方空间内，在室外楼梯外侧清水混凝土墙上设置通风百叶；对于消控、监控室空调外机，同样为了建筑立面美观，将其设置在地下车库上层土建夹层内，利用侧向百叶进行通风换气。服务于山体库的风冷热泵机组设置在山体库背后的茶田阶梯板上，四周是合围的景观树木，待树木长成，隐蔽性会更好。冷却塔设置在总图中一个山脚下位置，四周建造了清水混凝土挡墙，在遮挡视线的同时也降低了噪声外传。

空调系统设计最末端的部件就是各类送、回、新、排风口，这些风口也是最关联室内美观效果的。经过多轮与主创、建筑、幕墙及装饰专业的沟通，确定了现有方案。一馆地下报告厅采用青铜色非承重座椅送风口，回风口为青铜色百叶，设置在报告厅后排上方土建夹层板上，排风排烟青铜色百叶风口设置在梁底侧墙并隐藏于装饰望板内；一馆地下公共区域采用可拆卸青铜格栅吊顶，格栅的通透率在70%以上，所有风口设置在格栅吊顶内；部分消防补风口因靠近地面无法隐藏，设计了壁龛，在壁龛内侧设置百叶风口。一馆的地上大厅和小报告厅等，送风口采用侧向青铜色条缝型喷口，大厅回风口为地面青铜色百叶风口，小报告厅回风口及其他排风、排烟口为侧向青铜色百叶风口，与青铜格栅吊顶合理组合成统一造型；一馆地上坡道、办公等处采用了壁龛式送风口，室内基本看不到风口所在。二馆主要功能房间为一个通高两层的展厅，部分送回风口为青铜色侧墙百叶贴梁底设置，部分送回风口与排风排烟口合并设置为壁龛式风口。三馆的技术用房吊顶采用可拆卸青铜格栅，风口即为普通百叶设置于吊顶上。三馆、四馆基藏库房内按业主建议不吊顶，采用铝合金百叶风管下送风口，侧墙铝合金百叶回风口。三馆的展厅、四馆的交流厅及整个长展廊，顶面均为不设吊顶的清水混凝土裸露结构，风口设置在设备管廊高位侧墙上，为了达到相应的送风距离，送风口设置为双侧百叶，与排烟口、回风口等组合设置，在室内只看到房间侧墙顶部的一整条通长百叶风口。五馆公共区域采用地面对流空调器，在地面设置通长型青铜色百叶送回风口；办公等小房间设置铝基层竹压条吊顶，吊顶透空率约25%，吊顶上设置风口通透率不足，设置在吊顶上的风口材质与吊顶很难协调，经多轮讨论后将风机盘管送风口在吊顶内面积扩大到3倍左右并贴紧吊顶上表面，利用吊顶透空部分向下送风，回风口设置在吊顶内风机盘管后部，在风机盘管下方设置大面积检修口，可对水管阀门、回风口滤网进行检修更换。

（8）设计总结

根据不同类型、不同功能场所，合理划分空调系统类型，为展厅人员等服务的系统采用舒适性空调设计，为库房藏品服务的系统采用工艺性恒温恒湿空调设计，为展厅内展品服务的系统采用独立的恒温恒湿展柜，空调冷水温度范围内处理达不到要求的两个低湿库房单独设置直膨式恒温恒湿空调系统，数据机房采用与机柜配套设置的专用精密空调。恒温恒湿空调系统空气处理有制冷后的再热需求，空调主机选型时采用制冷同时回收冷凝热量的热回收型机组以节约空调能耗。为了避免室外新风温湿度波动对地下书库恒温恒湿室内参数的影响，新风独立处理后接入每间书库空调处理机。对于战时需要保护的书库等空间，设计简单可靠的战时风冷热泵小型系统。空调、通风系统启停、显示和调节全部接入楼宇自控系统，为系统节能、安全运行提供保障。因建筑对美观的严格要求，在设计中对于空调设备、风口的隐藏做了大量工作。本工程建筑空间复杂，建筑外观限制较多，对防排烟系统的设计相当具有挑战性，其中有多个跨越2层或3层的空间，空间净高在6m以上按高大空间或中庭设计排烟，6m以下空间仍然按普通空间考虑排烟，此处特别需要注意的是最小清晰高度均应该从最顶层地面以上开始计算。

3.1.3.2 给水排水设计

（1）设计范围

杭州国家版本馆项目给水排水专业的设计范围：室内给水及热水系统、室内排水系统、消防系统（室内外消火栓系统、自动灭火系统、大空间智能型主动喷水灭火系统、气体灭火系统、细水雾灭火系统和建筑灭火器等）。部分内容需由专业单位进行二次深化设计，包括：气体灭火系统、大空间智能型主动灭火系统、细水雾灭火系统、虹吸压力流雨水系统及机电抗震设计等。

（2）生活冷热水系统

生活水源为城市自来水，最高日用水量453.0m³/d，供水高度约40m（最不利供水点位于观景阁）。生活泵房设于北区地下1层。因市政水压较低，主馆区、山体库、南大门、大观阁均采用恒压变频设备供水；北区地下室及水榭地下室采用市政直供。建筑用水分单元计量，各功能分区均设独立水表计量，采用远程智能抄表系统。

考虑到生活热水用水点较为分散且用水量较小，故未设置集中热水系统。北区地下室后勤用房区域配建有空气源热泵设备，供后勤用房热水使用。卫生间配有小厨宝或即热式热水器，供应台盆热水及淋浴热水。

由于建筑有着较高的美观要求，因此管线及设备隐藏成为与室内效果配合的重点。本项目中用水房间设计有部分清水混凝土墙以及夯土墙等无法敷设管道的墙体，用水器具支管连接需要与内装专业商讨出既能符合安装要求，又能满足装饰效果的解决方案。最终采取了在墙体外另做假墙的方式，为卫生器具安装留出了空间。同时假墙面采用与其余墙体搭配和谐的竹纹饰面等材质，使假墙体不显得突兀。本项目中大多数台盆采用了柜式设计，用于隐藏小厨宝、热水器等设备。

（3）生活排水系统

室内排水体制采用污废分流制排水，最高日排水量338.0m³/d。由于用水房间较为分散，且部分卫生间布置于排水管道无法穿越的房间上方，给管道布置带来一定的难度。此次设计中采用了局部降板或设置土建夹层的方式，同时设计有部分侧向地漏，使排水管道避开无法穿越的空间。在排水立管无法避让的区域内，与内装专业商讨，采用竹编织板等装饰对管线进行隐藏。山体库和北区地下室设有大量的文物库房，在库房区域设置排水立管及地漏，考虑消防或事故时的排水。

（4）雨水系统

南大门屋面投影面积约970m²。设计按杭州市10年重现期5min降雨强度 q=492.6L/（s·ha），屋面径流系数为1.0，安全系数1.5。溢流校核按杭州市100年重现期5min降雨强度 q=728.75L/（s·ha），溢流采用重力系统。

南大门屋面为本项目中较为复杂的屋面形式。该金属屋面为双曲屋面，屋面土建基层上方为铝镁锰金属屋面，再上方为铜屋面，排水沟设于铝镁锰屋面这一层，雨水从铜屋面缝隙中落到铝镁锰屋面的排水沟里。屋面顶视图为矩形，形体上四个角点向上高起，向中间下凹，通过调整控制线以及控制点的方式使双曲屋面最低点位置靠近屋面边缘使得雨水主要流向中部偏南汇水区域。根据双曲屋面的坡向交会处设置雨水沟，汇水至雨水斗所在的集水坑。而建筑中部下方为南大门的主要通行空间，同时也是整个建筑群的门面和第一印象点。为制造出宽阔的通行空间，此处仅设置两根混凝土柱子，因此屋面最低区域雨水管埋柱成为满足条件的唯一方式，另考虑在开门东西两侧的幕墙内敷设两根重力流雨水管，作为溢流水管。南大门屋面雨水排水见图3-41。

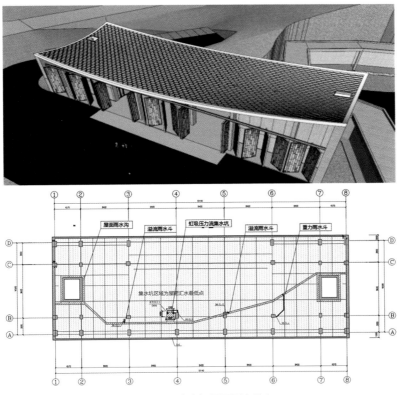

图3-41　南大门屋面雨水排水

主馆一区屋面投影面积约3600m²，按杭州市10年重现期5min降雨强度 $q=547.12L/(s\cdot ha)$，安全系数1.5。溢流校核按杭州市50年重现期5min降雨强度 $q=674.08L/(s\cdot ha)$，屋面径流系数为1.0。整个屋面雨水排水均采用虹吸压力流雨水系统，共设6套压力流雨水系统。

主馆一区屋面为本项目中最大的复杂屋面体系。该金属屋面为双曲屋面，屋面土建基层上方为铝镁锰金属屋面，再上方为铜屋面，排水沟设于铝镁锰屋面这一层，雨水从铜屋面缝隙中落到铝镁锰屋面并汇入排水沟里。屋面整体呈东西两侧较高，中部较低的双屋脊状，同时北高南低，使得雨水主要流向南侧。屋面最南端存在小范围倒坡，最终的汇水区域仍停留在中部偏南侧，无法直接在屋面南端设外檐沟。因此该屋面排水沟最终设于靠近南端位置，整体呈东西走向，东西两侧高程并非完全对称，东、西、中3段排水沟存在一定的高差，并非直接连通。根据排水沟标高，分3段设置虹吸雨水系统。因主馆一区南立面为建筑群的主要形象立面，考虑美观需求，主馆一区南侧，部分雨水管也进行了埋柱处理，部分设于室内装饰墙内。主馆一区屋面雨水排水见图3-42。

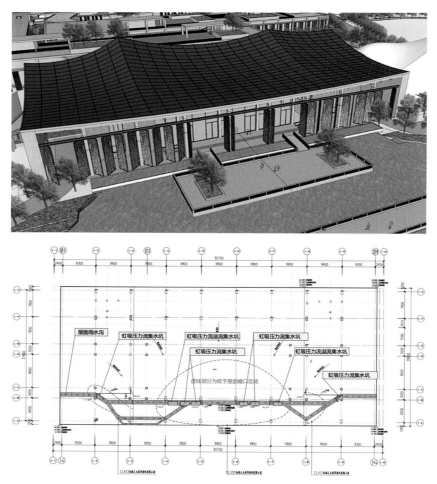

图3-42　主馆一区屋面雨水排水

主馆二、三、四区均为矩形平屋面，其中主馆四区有投影面积约为1100m²的斜屋面。雨水排水系统均采用重力流系统，设计重现期10年。溢流直接溢出屋面，结构已考虑相应荷载。雨水斗采用87型雨水斗。重力流排水管采用内涂塑钢管，沟槽连接。

设计时，需考虑雨水系统设计与建筑及室内效果的配合。主馆二、三、四区屋面形式相似，排水沟位于建筑南北两端。由于排水沟正下方为建筑外立面的幕墙空腔，此处可对雨水管实现隐藏，且室内多为馆藏、展厅等水管无法穿越的空间，设计时优先考虑将雨水立管设于空腔内。但这种布置形式水管检修不方便，后续通过在室内增设空腔检修门的方式解决了这一问题。同时，屋面有很多为了不凸出屋面的暖通风井的下沉天井，考虑暴雨时的雨水量及管道堵塞的风险，每个下沉天井（面积不超10m²）均设置两根DN100雨水管。

主馆五区屋面为多边形平屋面，面积约2200m²，设计重现期10年。整个屋面雨水排水均采用重力流排水系统。溢流直接溢出屋面，结构已考虑相应荷载。雨水斗采用87型雨水斗。重力流排水管采用内涂塑钢管，沟槽连接。主馆五区由于室内外地坪的高差问题，主要出入口均设于西侧。因为覆土深度不够，所以整个主馆五区1层东侧均无法设置排出管。因此主要排水沟设于屋面西侧，沿外墙边缘折转。主馆五区西侧设计有数只消火栓，雨水立管的位置尽量考虑靠近消火栓布置，便于装饰统一处理。通过竹编织板，在阴角处设置装饰空腔，隐藏消火栓和雨水立管。

水阁、大观阁、绕山廊屋面均为小型平屋面，设计重现期10年。溢流直接溢出屋面，结构已考虑相应荷载。整个屋面雨水排水均采用重力流排水系统。雨水斗采用87型雨水斗。重力流排水管采用内涂塑钢管，沟槽连接。

观景阁、水榭、明堂屋面根据建筑方案要求，均采用自由散水，通过在屋面边缘设缝的方式，使雨水在坡向四周的过程中，沿缝下落，自然落入南池，在平台周围形成"水帘"的效果。

（5）空调冷却循环水系统

空调冷源采用水冷离心式制冷机组，制冷机组及水泵房设于北区地下室冷冻机房。供制冷机组散热用的冷却塔选用三台$Q=450\text{t/h}$横流型冷却塔，设于室外。冷却塔与冷冻机组一一对应，采用总管制。为确保循环水水质，减少系统换水次数，设循环水旁流水处理设备。

冷却塔设置为配合室外景观的效果，集中设于室外下沉设备平台处，为减少塔体周边及上方管路，冷却塔采用下进水塔型，基础抬高至1.4m，所有供回水管在冷却塔塔体下方布置。根据景观要求，塔体周边设置竹纹清水墙遮挡，经冷却塔厂家专业软件模拟气流计算，塔体周边预留足够的平面距离，确保冷却塔进风及良好的散热条件。

（6）消防系统

水源：消防水源接自市政给水管，由西侧市政给水管引一路DN200消防给水引入管至地块红线范围内，市政水压以黄海高程5.0m地坪处压力0.2MPa计，按一路消防水源考虑。本项目消防系统设有室内外消火栓系统、闭式自动喷水灭火系统、大空间智能型主动喷水灭火系统、气体灭火系统（柜式七氟丙烷系统和管网式IG541系统）、细水雾灭火系统和建筑灭火器等。室内消防给水采用临时高压消防给水系统，采用集中消防给水方式，消防水池和消防泵房设于山体库B6层地下室（B5层有直通室外出口）。室内外消火栓系统、自动喷水灭火系统、大空间智能型主动喷水灭火系统分别设置消防水泵，初期灭火用水高位消防水箱18T设于山体库室外最高处。消防用水量见表3-5。

消防用水量表   表3-5

灭火系统	室外消火栓系统（L/s）	室内消火栓系统（L/s）	自喷系统（L/s）	大空间智能型主动喷水灭火系统（L/s）	一次灭火用水量（m³）
主馆一区	30	20（按减半考虑）	40	20	576
主馆二、三、四、五区	40	20（按减半考虑）	40	40	576
北区地下室	40	40	30	无	684
山体库	40	40	40	20	720

消防水池储存一起火灾同时开启的室内消防系统的消防最大的用水量，消防水池有效容积不小于720m³，分两格。高位消防水箱有效容积不小于18m³。

室外消火栓系统：室外消火栓设计流量40L/s，因室外一路供水，系统采用临时高压消防给水系统，由集中消防泵房内的室外消火栓泵供水，设两路引入管，室外设消防取水口和水泵接合器。

室内消火栓系统：在主馆区、北区地下室和山体库设置室内消火栓系统，为临时高压消防给水系统，由集中消防泵房内的室内消火栓泵供水，设两路引入管，室外设水泵接合器。系统配水管道布置为环状，系统竖向为一个分区。南大门、大观阁和水榭建筑体量较小，根据《建筑设计防火规范》GB 50016—2014（2018年版）要求，无须设置室内消火栓系统。故在建筑内设置轻便消防水龙，接至生活给水管，阀门后设置真空破坏器。结合装修设计，轻便消防水龙在墙上暗装或设于卫生间台盆上方装饰柜内。

自动喷水灭火系统：在主馆区、北区地下室和山体库设置自动喷水灭火系统，为临时高压消防给水系统，由消防泵房内的自喷泵供水，室外设水泵接合器。

闭式自动喷水灭火系统：本项目主馆区、山体库和地下室等可以用水灭火的区域，设置了闭式自动喷水灭火系统。须根据建筑及室内装饰效果的要求，考虑内部装修设计不同形式房间顶面的材质、形态、通透率等特点，根据《自动喷水灭火系统设计规范》GB 50084—2017对于不同类型喷头设计、安装的要求，合理设置喷头。不同顶面形式的喷头选型见表3-6，喷头与不同类型顶面结合的效果见表3-7。

大空间智能型主动喷水灭火系统：因建筑方案对空间效果的要求很高，很多区域采用了清水混凝土的顶面，建筑方案要求管道不能外露，闭式喷淋系统安装无法满足建筑效果的要求。因此，在很多区域根据《大空间智能型主动喷水灭火系统

不同顶面形式的喷头选型　　　　　　　　　　　　　　　　　　　　　　表3-6

顶面形式	顶面及安装特点	喷头名称	喷头温度（℃）	喷头流量系数 K
清水混凝土密肋梁（中危 I 级）	清水混凝土密肋梁，根据装饰效果要求，管道不得外露，且无吊顶。根据《自动喷水灭火系统设计》19S910密肋梁板下方布置喷头示意图设置喷头。土建在清水混凝土密肋梁上预留150mm（宽）×250mm（高）沟槽，安装支管及喷头，沟槽设装饰盖板。为减小安装尺寸，沟槽内支管≤DN80采用消防专用氯化聚氯乙烯（PVC-C）管道。主管设于管廊内	快速响应隐蔽式喷头	68	80
清水混凝土双层板（中危 I 级）	清水混凝土双层板结构，根据装饰效果要求，管道不得外露，且无吊顶。管道设于双层板之间1.2m高的空腔内，室内清水顶板预埋DN65的钢套管，安装隐蔽型喷头，喷头与套管空隙处设防水防火封堵。上层板设检修口，可检修	快速响应隐蔽式喷头	68	80
铝张拉网吊顶（中危 I 级）	铝张拉网吊顶，为开孔率大于70%的通透吊顶，但不满足《自动喷水灭火系统设计规范》GB 50084—2017第7.1.13条通透性吊顶开口部位的净宽度不应小于10mm，且开口部位的厚度不应大于开口的最小宽度的要求，故设上下喷	直立型喷头+下垂型喷头	68	80
竹望板吊顶（中危 I 级）	竹望板吊顶，为全实吊顶，设隐蔽喷头	隐蔽式喷头	68	80
铝竹条吊顶（中危 I 级）	竹条包铝边，开孔率小于70%的通透吊顶，设上下喷	直立型喷头+隐蔽式喷头	68	80
青铜格栅吊顶（地下车库按中危 II 级，其他按中危 I 级）	青铜格栅吊顶，为开孔率大于70%的通透吊顶，但格栅上方盖了层铝蜂窝网，不满足《自动喷水灭火系统设计规范》GB 50084—2017第7.1.13条通透性吊顶开口部位的净宽度不应小于10mm，且开口部位的厚度不应大于开口的最小宽度的要求，故设上下喷	直立型喷头+下垂型喷头	68	80
青铜密条格栅吊顶（中危 I 级）	青铜密条格栅吊顶，为开孔率大于70%的通透吊顶，但不满足《自动喷水灭火系统设计规范》GB 50084—2017第7.1.13条通透性吊顶开口部位的净宽度不应小于10mm，且开口部位的厚度不应大于开口的最小宽度的要求，同时格栅上方盖了层铝蜂窝网，且故设上下喷	直立型喷头+下垂型喷头	68	80
石膏板全实吊顶（中危 I 级）	为石膏板全实吊顶，设隐蔽喷头	隐蔽式喷头	68	80
无吊顶（地下车库按中危 II 级，其他按中危 I 级）	无吊顶设置。当遇梁、通风管道、成排布置的管道、桥架等障碍物宽度大于1.2m时，应在其下方增设喷头	直立型喷头	68	80
高度在8～12m大厅	吊顶高度在8～12m	扩展型喷头	68	115
厨房区域铝扣板全实吊顶（中危 I 级）	为铝扣板全实吊顶，设隐蔽喷头	快速响应隐蔽式喷头	93	80

序号	喷头位置	图片	
1	清水混凝土密肋梁下方的隐蔽式喷头		
2	清水混凝土双层板下方的隐蔽式喷头		
3	清水混凝土板下方的隐蔽式喷头		
4	铝张拉网吊顶下方的下垂型喷头		
5	铝竹条吊顶下方的隐蔽式喷头		
6	青铜格栅吊顶下方的下垂型喷头		

序号	喷头位置	图片
7	青铜密条格栅吊顶下方的下垂型喷头	
8	石膏板全实吊顶	

技术规程》CECS 263—2009 的要求，设置了大空间智能型主动喷水灭火系统，主管设置于管井、设备用房或者管廊，避免了管道的外露，同时，装置的安装还考虑了与室内装饰效果的结合。净空高度在6～20m的设置喷淋有困难的部位，设置大空间智能型主动喷水灭火系统，采用自动扫描射水高空水炮灭火装置，$Q=5L/s$，安装高度6～20m，保护半径30m，工作压力不小于0.60MPa；净空高度在2.5～6m的设置喷淋有困难的部位，设置大空间智能型主动喷水灭火系统，采用喷洒型自动扫描射水灭火装置，$Q=2L/s$，安装高度2.5～6m，保护半径不小于7m，工作压力不小于0.20MPa。

系统设计符合《大空间智能型主动喷水灭火系统技术规程》CECS 263—2009 的规定，系统组件符合《自动跟踪定位射流灭火系统》GB 25204—2010 的规定。

大空间智能型主动喷水灭火系统为临时高压消防给水系统，由集中消防泵房内的大空间智能型主动喷水灭火系统消防水泵供水，系统引入管接自大空间智能型主动喷水灭火系统环状输水总管，室外设水泵接合器。

自动扫描射水高空水炮灭火装置单台流量不小于5L/s，保护半径不小于20m，系统设计流量按2行2列灭火装置计，设计流量为20L/s；自动扫描射水灭火装置 $Q=2L/s$，系统设计按大于4行4列布置，设计流量取40L/s。

本项目内部装修设计要求所有的设备与整个建筑空间结合度高，装饰效果好，对设备安装要求颇高。大空间智能灭火装置的设计与安装在满足相关规范的前提下，尽可能满足不同空间装饰效果的要求。大空间智能灭火装置在不同建筑空间安装的效果见表3-8。

序号	装置形式	图片
1	5L/s大空间智能灭火装置	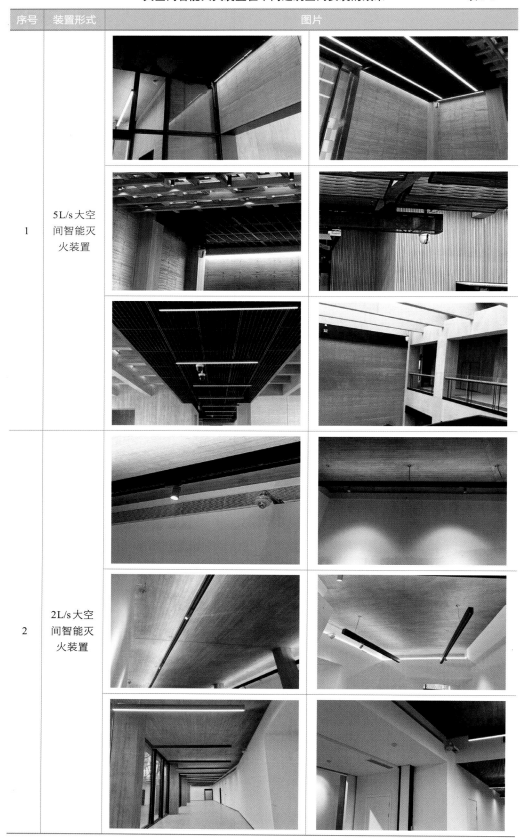
2	2L/s大空间智能灭火装置	

传承宋韵　文润东方
中国国家版本馆杭州分馆工程创新与实践

气体灭火系统：根据《建筑设计防火规范》GB 50016—2014（2018年版）第8.3.9条要求，在不宜用水扑灭的场所或贵重物品用房需设置气体灭火系统。考虑馆藏方需求、火险隐患、火灾扑救、物品保护、环境保护、经济适用等诸多因素，本项目气体灭火系统考虑采用七氟丙烷、IG541和细水雾灭火系统，并对此三种系统进行了特性对比，如表3-9所示。

气体灭火系统特性对比　　　　　　　　　　　　　　　　表3-9

系统名称	七氟丙烷气体灭火系统	IG541气体灭火系统	细水雾灭火系统
灭火性能	七氟丙烷气体灭火剂属于化学灭火剂，灭火浓度低，灭火性能较好，它是以物理灭火方式为主，化学灭火方式为辅的气体灭火剂	IG541气体灭火系统采用的IG541混合气体灭火剂是由大气层中的氮气（N_2）、氩气（Ar）和二氧化碳（CO_2）三种气体分别以52%、40%、8%的比例混合而成的一种灭火剂。灭火机理：物理窒息（其中CO_2喷放时还有部分冷却作用）	细水雾灭火系统介质为水，依靠冷却和窒息双重作用快速有效灭火，有效防止火灾复燃；闭式喷头可超快速响应
环保特性	臭氧消耗潜能值ODP=0；对全球温室效应的影响指标GWP=0.6；具有较好的清洁性——在大气中可完全汽化不留残渣和良好的气相电绝缘性能。但灭火剂的释放必须在10s内完成，才能达到灭火浓度，否则产生的酸性分解物对人体有害，对被保护设施也有腐蚀性	IG541灭火系统的三个组分均为大气基本成分，使用后以其原有成分回归自然，是一种绿色灭火剂，无色无味、不导电、无腐蚀、无环保限制，在灭火过程中无任何分解物	由于细水雾灭火系统介质为水，在灭火过程中无任何分解物。对设备无水渍损失，并通过均匀降温和消烟作用保护火场设备免受烟气侵害，电气绝缘性良好，带电设备在喷放时可正常工作
安全性能	七氟丙烷的无毒性反应（NOAEL）浓度为9%，有毒性反应（LOAEL）浓度为10.5%	IG541的无毒性反应（NOAEL）浓度为43%，有毒性反应（LOAEL）浓度为52%	细水雾无有毒性反应
灭火剂喷放时间	在通信机房和电子计算机房等防护区，设计喷放时间不应大于8s；在其他防护区，设计喷放时间不应大于10s	当IG541混合气体灭火剂喷放至设计用量的95%时，其喷放时间不应大于60s，且不应小于48s	用于保护电子信息系统机房、配电室等电子、电气设备间，图书库、资料库、档案库，文物库和电缆夹层等场所时，系统的设计持续喷雾时间不应小于30min；用于保护油浸变压器室、涡轮机房、柴油发电机房、燃油锅炉房等含有可燃液体的机械设备间时，系统的设计持续喷雾时间不应小于20min
工作压力	柜式系统2.5MPa。管网系统（内储压）4.2MPa/5.6MPa。管网系统（外储压）2.5MPa/4.2MPa/5.6MPa	一级充压（15.0MPa）系统，二级充压（20.0MPa）系统	低压系统：工作压力小于或等于1.21MPa的细水雾灭火系统。中压系统：工作压力大于1.21MPa且小于3.45MPa的细水雾灭火系统。高压系统：工作压力大于或等于3.45MPa的细水雾灭火系统
输送距离	管网系统（内储压）：4.2MPa≤40m（实际应用≤60m）；5.6MPa≤60m（实际应用≤90m）。管网系统（外储压）：≤150m	管网系统：≤150m（实际应用（15MPa）≤120m、实际应用（20MPa）≤150m）	按泵组压力和管路系统确定最远输送距离
是否需要设置泄压口	需要设置泄压口	需要设置泄压口	不需要设置泄压口

系统名称	七氟丙烷气体灭火系统	IG541气体灭火系统	细水雾灭火系统
初期投入成本，日常维护、保养费	初期投入成本较高。维护、保养要求低，费用低，灭火剂成本高	初期投入成本高。维护、保养要求低，费用中等	初期投入成本高。维护、保养要求低，费用低
优缺点	优点：1.喷放时间短，钢瓶数量较少，管网系统对钢瓶间的面积要求较小；2.柜式系统安装方便。缺点：1.温室效应气体，在大气中残留的时间可达50年；2.单次喷放，无持续灭火能力。3.灭火剂的释放必须在10s内完成，才能达到灭火浓度，否则产生的酸性分解物对人体有害，对被保护设施也有腐蚀性	优点：洁净气体，对空气无污染。缺点：1.单次喷放，无持续灭火能力；2.对比七氟丙烷，同等条件下钢瓶数量较多，对钢瓶的面积要求较大	优点：1.介质为水，对空气无污染；2.系统只需定期维保，确保防护区始终置于高压细水雾保护下；发生火灾时，在确认火灾熄灭后，可立即恢复工作状态。缺点：根据《建筑设计防火规范》GB 50016—2014（2018年版）第8.3.9条，国家、省级或藏书量超过100万册的图书馆内的特藏库；中央和省级档案馆内的珍藏库和非纸质档案库；大、中型博物馆内的珍品库房；一级纸绢质文物的陈列室，无设置细水雾系统的依据

本项目根据馆藏方提资，部分库房为特藏库和珍品库房。根据以上气体灭火系统特性分析，在不同的书库、变配电间等不宜用水灭火的场所，选择各自相匹配的气体灭火系统。

柜式无管网七氟丙烷气体灭火系统：在山体库设置保护4个区域，设计柜式七氟丙烷气体灭火装置。设计按全淹没灭火方式设计，装置设计工作压力2.5MPa，保护区域按最低环境温度16℃设计，按最高环境温度32℃校核。其基本数据如表3-10所示。

柜式无管网七氟丙烷气体灭火系统基本数据表　　　　表3-10

序号	保护区域名称	净容积（m³）	设计浓度（%）	设计用量（kg）	每瓶组灭火剂质量（kg）	瓶组型号	装置数（套）	泄压口面积（m²）
1	山体库B4层配电房	201.90	9.00	147.80	74	GQQ70/2.5	2	0.064
2	山体库B5层配电房	808.00	9.00	591.50	100	GQQ120/2.5	6	0.256
3	备品备件库	234.84	8.00	148.88	78	GQQ90/2.5	2	0.081
4	测试机房	324.86	8.00	205.96	106	GQQ120/2.5	2	0.112

柜式无管网七氟丙烷气体灭火系统动作控制流程见图3-43。

IG541有管网气体灭火系统：本工程在北区地下室书库、山体库的书库及部分配电间等处设置IG541有管网气体灭火系统。系统按全淹没灭火方式设计，系统设计工作压力15MPa。95%设计用量的喷放时间，应不大于60s且不小于48s。保护区域按最低环境温度16℃设计，按最高环境温度32℃校核。北区地下室共设20个独立的保护区，按照四套组合分配系统设计；山体库共设27个独立的保护区，按照六套组合分配系统设计。其基本数据如表3-11所示。

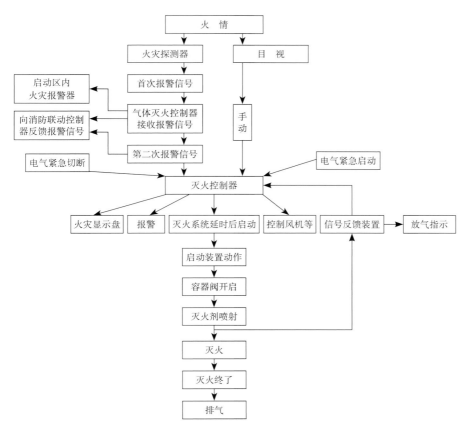

图3-43 柜式无管网七氟丙烷气体灭火系统动作控制流程图

北区地下室IG541有管网气体灭火系统基本数据表　　　　　　　　　　表3-11

系统	序号	保护区域名称	保护区位置	层高（m）	面积（m²）	净容积（m³）	设计浓度（%）	灭火剂设计用量（kg）	瓶组数	主干管公称管径（mm）	喷嘴数（只）	泄压口面积（m²）
系统一	1	书库1-1	负1层	5.05	390.98	1974.45	40	1486.5	88	DN125	17	0.85
	2	书库1-2	负1层	5.05	351.27	1773.91	40	1334.47	79	DN125	17	0.76
	3	UPS配电间	负1层	5.15	54.64	281.4	37.5	202.7	12	DN65	2	0.11
	4	主机房	负1层	5.15	113.79	586.02	37.5	405.41	24	DN100	6	0.23
系统二	1	高配电	负1层	6.15	119.02	731.97	37.5	506.76	30	DN100	9	0.29
	2	低配电	负1层	5.05	290.61	1467.58	37.5	1013.52	60	DN125	12	0.58
	3	书库1-3	负1层	5.05	458.68	2316.33	40	1739.88	103	DN125	22	1
	4	书库1-4	负1层	5.05	384.54	1941.93	40	1469.6	87	DN125	21	0.84
	5	书库1-5	负1层	5.05	213.04	1075.85	40	810.82	48	DN125	10	0.46
	6	书库1-6	负1层	5.05	318.33	1607.57	40	1216.22	72	DN125	17	0.69
	7	书库1-7	负1层	5.05	265.09	1338.7	40	1013.52	60	DN125	12	0.57
	8	书库1-8	负1层	5.05	226.64	1144.53	40	861.49	51	DN125	17	0.49
系统三	1	书库2-1	负2层	3.95	389.73	1539.43	40	1165.55	69	DN125	16	0.66
	2	书库2-2	负2层	3.95	414.03	1635.42	40	1233.12	73	DN125	17	0.7
	3	书库2-3	负2层	3.95	342.16	1351.53	40	1013.53	60	DN125	16	0.58
	4	书库2-4	负2层	3.95	467.82	1847.89	40	1385.14	82	DN125	21	0.79

系统	序号	保护区域名称	保护区位置	层高（m）	面积（m²）	净容积（m³）	设计浓度（%）	灭火剂设计用量（kg）	瓶组数	主干管公称管径（mm）	喷嘴数（只）	泄压口面积（m²）
系统四	1	书库2-5	负2层	3.95	472.36	1865.82	40	1402.04	83	DN125	15	0.8
	2	书库2-6	负2层	3.95	307.66	1215.26	40	912.17	54	DN125	15	0.52
	3	书库2-7	负2层	3.95	246.57	973.95	40	1486.5	88	DN125	12	0.42
	4	书库2-8	负2层	3.95	304.18	1201.51	40	912.17	54	DN125	12	0.51
	5	书库2-9	负2层	3.95	341.77	1349.99	40	1013.52	60	DN125	16	0.58
	6	书库2-10	负2层	3.95	183.03	722.97	40	557.44	33	DN100	8	0.31

IG541气体灭火系统动作控制流程见图3-44。

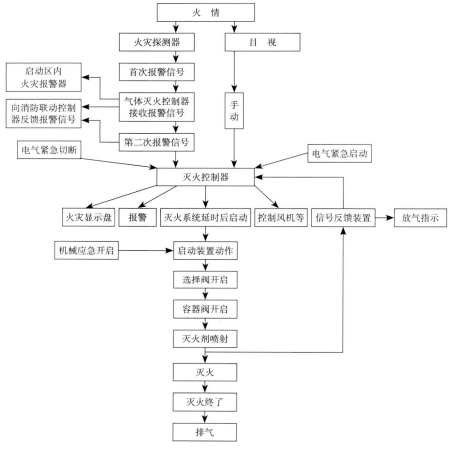

图3-44　IG541气体灭火系统动作控制流程图

细水雾灭火系统：细水雾灭火系统需要保护的对象为基藏室与技术用房及柴发机房等，保护面积约6300m²，燃烧介质为纸质文档、易燃液体等。根据本项目火灾危险性及环境特点，保藏室和技术用房采用闭式预作用系统，柴发机房和储油间选用全淹没应用方式的开式系统，设置一套高压细水雾泵组式灭火系统。开式系统流量按照防护区内同时动作喷头的流量之和进行计算。预作用系统按照作用面积140m²内同时动作最大喷头数流量之和计算，比较并取其中最大值计算。本工程最大设计流量防护区为基藏室，同时开启20个$K=3.0$喷头，其系统设计流量为$Q=576L/min$。高压泵组规格型号：XSWBG（B）600/12 5X1，单台泵参数：$Q=120L/min$，$P=12MPa$，$N=30kW$电源380V AC 50HZ，每套共6台（5用1备），$Q_总=600L/min$。稳压泵规格型号：JP200S-P，单台泵参数：$Q=1.0L/min$，$P=2MPa$，$N=0.75kW$电源380V AC每套2台（1用1备）。系统工作压力12MPa。最不利点喷头工作压力不低于10MPa。设计持续喷雾时间为30min。水箱尺寸4500mm×3000mm×2000mm（长×宽×高），有效容积为27m³。根据保护对象的火灾危险性及空间尺寸选用高压细水雾喷头，保护区喷头的安装间距不大于3.0m，不小于1.5m，距墙不大于1.5m。其基本数据如表3-12所示。

细水雾灭火系统基本数据表　　　　　　　　　　　　　　　　　　表3-12

序号	防护区域名称	保护区位置	层高（m）	面积（m²）	喷头系数 K	响应温度（℃）	喷雾浓度（%）	最低工作压力（MPa）	喷头数量（只）	阀箱型号
1		柴发房/储油间	4.8	147	0.5/1.2	—	1.4	10	36	开式分区控制阀 XSW-FZ25/12
2		备展库	5.3	53	3.0	57	4.87	10	9	预作用分区控制阀 XSW-FZ32/12
3		化学工作室	5.3	73	3.0	57	4.73	10	12	预作用分区控制阀 XSW-FZ40/12
4		物理处理室	5.3	88	3.0	57	5.23	10	16	
5		脱酸工作室	5.3	59	3.0	57	4.9	10	10	
6	地下1层	检测实验室	5.3	43	3.0	57	5.34	10	8	
7		消杀室	5.3	38	3.0	57	4.51	10	6	预作用分区控制阀 XSW-FZ25/12
8		点交室	5.3	34	3.0	57	5.08	10	6	
9		储瓶室	5.3	13	3.0	—	4.53	10	2	
10		低氧充氮间	5.3	35	3.0	—	3.31	10	4	
11		拆箱包装区	5.3	79.5	3.0	57	3.62	10	10	
12		包装暂存间	5.3	50	3.0	57	3.45	10	6	
13		备展库	6.2	156	3.0	57	4.43	10	19	
14		基藏4	4.2	848	3.0	57	3.8	10	111	
15		基藏1	4.2	599	3.0	57	3.08	10	66	
16	-2.5m	技术（实验室）	4.2	140	3.0	57	5.54	10	18	
17			4.2	33	3.0	57	5.32	10	6	
18		技术（拍摄）	4.2	70	3.0	57	6.16	10	14	
19		技术（临展）	4.2	161	3.0	57	5.01	10	20	预作用分区控制阀 XSW-FZ40/12
20		技术用房	4.2	115	3.0	57	4.49	10	18	
21		基藏5	4.2	848	3.0	57	3.09	10	102	
22	1.8m	基藏2	4.2	590	3.0	57	3.32	10	68	
23		技术用房	4.2	240	3.0	57	5.4	10	31	
24		技术用房	4.2	205	3.0	57	6.31	10	28	

序号	防护区域名称	保护区位置	层高（m）	面积（m²）	喷头系数 K	响应温度（℃）	喷雾浓度（%）	最低工作压力（MPa）	喷头数量（只）	阀箱型号
25		过厅	5.4	44	3.0	57	3.94	10	6	预作用分区控制阀 XSW-FZ25/12
26		基藏 3	4.8	599	3.0	57	3.08	10	64	
27			4.8	58	3.0	57	5.98	10	8	
28			4.8	22	3.0	57	7.74	10	4	
29			4.8	22	3.0	57	7.59	10	4	
30			4.8	20	3.0	57	8.71	10	6	
31	6.0m		4.8	26	3.0	57	6.67	10	6	预作用分区控制阀 XSW-FZ40/12
32		技术用房	4.8	26	3.0	57	6.67	10	4	
33			4.8	21	3.0	57	5.4	10	6	
34			4.8	53	3.0	57	4.92	10	9	
35			4.8	32	3.0	57	5.41	10	6	
36			4.8	32	3.0	57	5.41	10	6	
37			4.8	19	3.0	57	6.02	10	4	

高压细水雾开式系统原理见图3-45，高压细水雾预作用系统原理见图3-46。

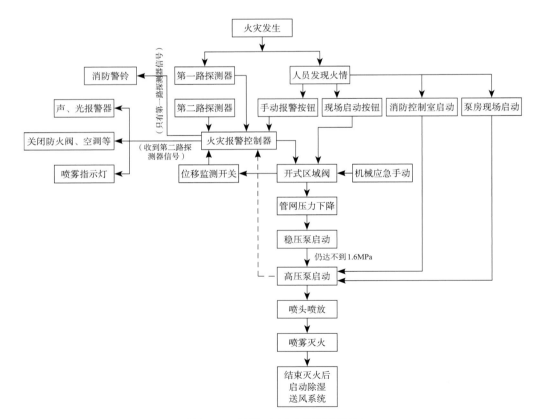

图3-45 高压细水雾开式系统原理图

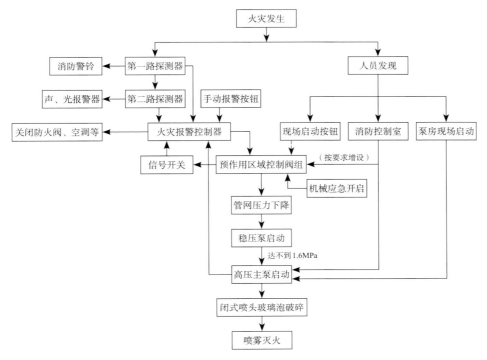

图3-46 高压细水雾预作用系统原理图

灭火器最低配置基准见表3-13。

灭火器最低配置基准表 表3-13

灭火器设置场所	危险等级	火灾类别	单具配置灭火器级别	灭火器型号	最大保护距离(m)	备注
水泵房	轻危险级	A类	1A	手提式MF/ABC3	25	
地下车库	中危险级	A类	2A	手提式MF/ABC3	20	
变配电房、强弱电间、消控室、电梯机房、充电桩车位(非集中)	中危险级	E类	55B	手提式MF/ABC3	12	
				推车式MF/ABC20	24	
充电桩车位	严重危险级	A类	3A	手提式MF/ABC5	15	
				推车式MF/ABC20	30	
多功能厅、会议室和公共活动用房等	严重危险级	A类	3A	手提式MF/ABC5	15	
书库、备展库、保藏间等	严重危险级	A类	3A	手提式MF/ABC5	15	
				推车式MF/ABC20	30	

（7）人防设计

北区地下室人防设计：主馆区北区地下室设置了1个二等人员掩蔽所防护单元（掩蔽人员1200人）、4个人防物资库及1个人防固定电站。地下书库核六常六级丁级防化，地下车库核六常六级丙级防化二等人员掩蔽所。人员掩蔽工程用水量见表3-14。

用水类型	用水量	贮水时间（d）	备注
饮用水	3L/（p·d）	15	无可靠内水源，无防护外水源
生活水	4L/（p·d）	7	
人员洗消	40L/（p·次）		洗消
口部洗消	10L/（m²·次）	取一次	

物资库按10m³的储水量考虑战时的用水量。

山体库人防设计：山体库按一个核五常五级丁级防化防护单元考虑，另加一固定电站。整个山体库按一个防护单元10m³的储水量考虑战时的用水量。

（8）隐蔽水管道工程检修

本项目部分给水排水管道需做隐蔽设置，设于室外幕墙的空腔、室内结构双层板间、密肋梁凹槽内和管廊内（1500mm宽和400mm宽）等很多不利于后期检修维护的场所。

给水排水管道设置在设计时的原则及采取的措施：在考虑管道设置位置时，尽量优先考虑设置在管井、设备机房、工具间、卫生间等便于管道安装和维护的场所。对于幕墙空腔和屋顶双层板间布置的管道，尽量选用热膨胀系数小、密闭性能好的金属管材，并做防腐处理。对于后期维修不方便的区域，施工过程中，在土建封板前，系统管道应按相关规范要求进行相应的冲洗、消毒、试压以及通畅性、严密性和安全性试验。确保管道不渗不漏，满足安全要求。

管道后期的维修主要考虑以下几方面：

1）管井，包括一些内装用竹编板等包掉的位置：设置可开启的检修门；对卫生间内的瓷砖包掉的暗装管道，在墙上开设检修口。

2）吊顶区域：可拆卸的吊顶处，拆卸吊顶检修；固定吊顶处，在适当的位置开设检修口。

3）管廊（主要是展廊和展厅的管廊）：1500mm宽管廊在合适的位置设检修门；400mm宽管廊，在考虑放置展墙的适当位置做成活动可拆卸的展墙，并且管廊顶部的盖板也全部做成活动可拆卸的盖板。

4）密肋梁凹槽处的管道：考虑下方的扣板拆卸检修；主密肋梁凹槽处的管道检修见图3-47。

5）幕墙空腔内的管道（主要是主馆二区、三区、四区和南大门）检修，主要有以下两个方案：在贴邻外墙的空调机房、工具间、卫生间或办公用房等区域设置600mm×1500mm，离地300mm的甲级防火的检修门（带锁）；在幕墙遇门洞等侧向收边的位置，设置可开启的带锁的检修门（考虑安全问题，这类检修门仅设于一层）。幕墙空腔内的管道检修见图3-48。

6）在清水混凝土的双层板区域（主要是主馆五区顶层）的管路，因双层板间

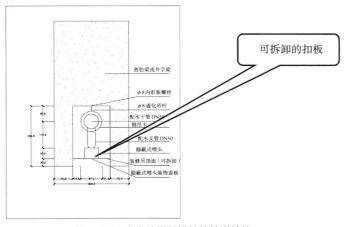

图3-47　主密肋梁凹槽处的管道检修

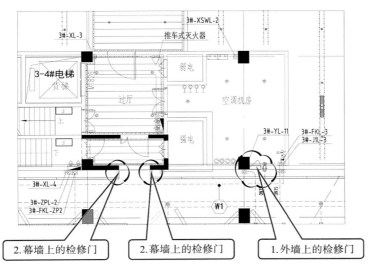

图3-48　幕墙空腔内的管道检修

有梁贯通，把整个区域分割成无数个小的区域，相互不连通，双层板间的净空为400mm，要考虑检修较困难，只有采取一些措施规避未预见的风险，该措施主要有：所有的阀门设于空调机房或有吊顶卫生间等便于维修的位置，只有管道在双层板里走，双层板区域上层板设人孔，可检修；喷淋采用隐蔽式喷头，每个喷头在顶板预留钢套管，并做防水防火封堵；整个双层板区域，在梁里贴下层板面预埋钢套管，使整个区域贯通，并设置了四处DN75的地漏，排水至室外，以防管道漏水给主体建筑增加结构荷载。清水混凝土的双层板区域管道检修见图3-49。

（9）设计总结

屋面形式多样且复杂，雨水系统设置难度较大。南大门的四个角向上高起，中间下凹金属双曲屋面；主馆一区东西两侧较高，中部较低的双屋脊状的金属双曲屋面。该两处屋面天沟均为不规则的内天沟形式，溢水无法溢出屋面，须考虑溢流管路系统。同时也由于建筑效果的要求，管道不能明露，这对管道的走向及立管位置也有所限制。经与幕墙专业、金属屋面深化单位、虹吸雨水深化单位、土建专业

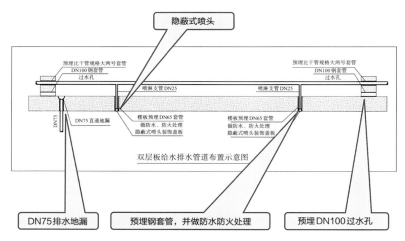

图3-49　清水混凝土的双层板区域管道检修

和安装单位多方协调，确定了目前的屋面雨水排水方案。主馆二～五区的屋面雨水也因雨水立管位置的限制，限制了屋面排水的找坡方向和屋面天沟设置位置，通过建筑沟和结构沟的结合，把屋面雨水引至雨水管道系统。

给水排水消防系统多样化。本项目设有不同等级要求的库房、技术用房、展厅、备展库、信息机房、冷库、办公和车库等不同类型的场所。考虑不同的场所的火灾特点、火险隐患、火灾扑救、物品保护、环境保护、经济适用及馆藏方和建筑设计对外观效果的要求等诸多因素，本项目的消防系统根据相关规范要求，设有室内外消火栓系统、闭式自动喷水灭火系统、大空间智能型主动喷水灭火系统、气体灭火系统（柜式七氟丙烷系统和管网式IG541系统）、细水雾灭火系统和建筑灭火器等系统，消防系统种类较多，系统较复杂。

建筑及室内空间复杂，对外观效果的要求高，对水专业提出了很大的挑战。建筑、室内装饰和室外景观对整体效果的要求非常高，在给水排水设计过程中，设计团队也尽其所能地配合建筑师达到其想要的效果，在满足使用功能、规范要求和施工要求等条件下，尽量做到系统设置合理，后期运营、维护、管理方便。

3.2
专项设计的技术应用

3.2.1　室内设计

室内设计是对建筑内部空间进行功能、技术、艺术的综合设计。建筑与室内一体化，要求室内设计与建筑设计同步产生，两者之间的关系就像鱼和水，息息相关又相辅相成。

在室内空间设计中，所谓的界面处理，就是按照建筑设计要求和空间组织处理要求，对围护的空间进行科学的组织设计，如顶棚、地面以及墙面等。项目主创要求室内空间整体还原建筑空间本身的效果，去装饰设计，以建筑本真的形式展现。室内空间界面使用了几种主要材料：夯土墙、清水混凝土、天然石材、青铜钢板、青铜格栅、竹饰面板，都是和建筑浑然一体，能随时间留下痕迹的，通过风吹日晒的自然现象使材料更显底蕴，呈现出了悠闲又安静的室内空间效果。本项目室内空间的界面材料和建筑融为一体，建筑完成面即装修完成面，是没有"装饰"的室内空间设计。

同时室内设计是在建筑构造的限定下进行的，为了满足人们生活的基本的物理功能需求，在建筑空间内需设置与人们生活相关的专业设备，如空调通风设备、给水排水设备、供暖设备、消防设备、音响、照明设备、强弱电设备等。因此，室内设计需统筹各设备的组织安排，使之与空间界面相互整合，做到艺术风格与技术设备的完美结合。

各设备专业的末端不能暴露在室内空间界面外，不能影响室内空间的整体美观度，但又缺乏常规装饰面层，无法用常规室内设计技术方法处理各个设备专业的末端，如何协调各个专业，实现空间效果，这是一个难题。

因此项目使用了较多特殊的设计和工艺做法。主馆一、三、五区地面采用预埋线槽形式，将强弱电点位集中处理，便于后期布展使用。主馆四区将暖通风口与应急照明和普通照明集成于展墙上方的预留空间内，互不影响。

大观阁单体项目实施的主要难点就是墙面及顶面大部分为艺术肌理混凝土，没有外部装饰完成面，用电设备为了隐蔽考虑大部分需要预埋管线及隐蔽处理。需要根据设备的位置准确分析安装方式，提供合理的设计。如卫生间内设有每层的消防水龙，为了隐蔽考虑，均设置在卫生间洗手盆上方镜面后（暗门可开启）。

交流用房墙面为竹纹肌理混凝土，安装强弱电插座施工既不方便也不利于美观，因此将强弱电插座在地面设线槽安装。在满足规范要求、使用功能要求的同时符合美观需求。

水榭单体项目实施落地的主要难点在于装饰材料与主体围护结构（幕墙专项）交接处理方式的优化（主要是铝基层竹层压条墙面处理方式、青铜格栅吊顶与墙面的交接方式），室内外无障碍相关设计的调整（主要是室外无障碍坡道和地下一层无障碍卫生间）。

山体库单体项目实施落地的主要难点在于各种材料做法的交接、设备点位的布置与应用，如 B5 入口大厅墙面青瓷墙面与展墙墙面的交接做法，青瓷墙面的墙顶地面交接处理方式的优化，如何保证模块标准的情况下调整使其设置合理；B2 展厅墙面风口及设备暗装形式的调整，处理管线及设备点位的隐蔽性等。

特殊的工艺做法，不仅是在设计图上呈现，关键还在于现场施工落地，要能达到预期的设计效果。因此，设计的另一个重要工作是督促、指导、协调施工落地，实现方案的初心。

在项目落地的过程中，我们碰到了很多实际客观问题。项目的每一种装饰材料都是定制规格，在工厂加工以后到现场安装，对现场测量的尺寸要求极高，误差需要控制得很精准。不仅要解决安装上的误差，还需要解决设备与装饰材料之间的误差，这给现场安装又增加了极大的难度。比如，清水混凝土墙面的电梯洞口是在建筑墙面浇筑的时候就一体成型的，误差需要控制在1cm内，这对于建筑施工精准度要求极高，对后期装饰要求也是极高。清水混凝土墙面须预留15mm高的踢脚线：在装饰地面未施工的前提下，预留出的踢脚线高度，在后期装饰地面石材完成施工以后，须保证踢脚线的高度统一在15mm内，这种施工工艺难度也是相当高的。

面对各种施工难点，设计和施工团队一起积极探索、讨论、解决问题，努力实现预期的设计效果。室内装修需要对每一个清水混凝土墙面的施工深化图纸进行校对，确保每一面清水混凝土墙面预留的基础符合后期装修净高的需求；需要在顶面预留出各设备专业的点位，在这个过程中需要对图纸及设备尺寸与点位进行全面复核，确保所有设备点位的位置尺寸与装修顶面图纸完全一致，因为一旦浇筑完成将无法调整与修改；每个设备的定位需要极其准确，这既是对建筑施工的要求，也是对装修图纸的要求。

3.2.2　幕墙设计

杭州国家版本馆项目的体量不大，但是项目外墙所采用的材料种类丰富而特别，涵盖了Low-E玻璃、光伏玻璃、清水混凝土板、铜板、青瓷片等，通过各种面板的组合，给予了建筑不同的立面效果。每一种材料都要有与之对应的安装体系，确保板块能牢固安装在主体结构上，在承受数十年风吹日晒的同时也依然能保证正常的使用功能。为了体现建筑通透与大气的特点，设计方案采取了大量的超大尺寸板块，减少了板块之间的接缝，大大提升了观感效果，但由此对支承结构的设计和板块的生产加工带来了极大的挑战。很多设计颠覆了传统建筑的固态设计思路，例如青瓷屏扇，其本身仅作为建筑外立面装饰性的体系，但由于整体尺寸过于巨大，我们使用幕墙的大板块设计经验对它的结构和安装进行深化。根据使用要求，需将其设计为活动机构，又跨专业引入了制作大型舞台自动化机械控制系统的团队，使用高精度联动电机控制板块的移动，多专业的技术融合，造就了本项目最为绚丽的艺术之门。下面对本项目的一些幕墙技术细节进行介绍，以使大家了解其与众不同之处。

3.2.2.1 青瓷板艺术屏扇

当参观者走近项目主入口，会被一排巨大的青瓷"屏扇"所吸引，这其实是建筑主馆外围的屏扇。本项目共有245扇青瓷板艺术屏扇，4种不同色泽的青瓷片经过建筑师的精心排列组合，镶嵌在门扇上，形成了一面具有江南韵味的"屏风"。每扇"屏风"的正反面铺贴了一百多片青瓷片，其整体尺寸非常巨大，单扇门最宽2.7m，最高10.4m，纤薄的体态让人感受不到它其实每扇质量达到了3t（图3-50）。

图3-50　青瓷板艺术屏扇照片

青瓷作为我国古代陶瓷烧制工艺的珍品，主要用作各种器皿，在建筑外立面的应用非常少见。本项目创造性地把传统工艺与现代艺术相结合，把青瓷晶莹剔透的特质完美地展现在公众面前，也增添了项目本身的文化底蕴。

我们设计的重点是让门扇的承重结构在满足受力要求的同时，尽量轻薄。利用ANSYS有限元分析软件，设计师不断对主体受力结构及门扇内部钢结构框架进行优化设计，在关闭状态下考虑满樘屏扇迎风状态，在开启状态下还额外考虑了中轴一侧半樘受风压状态。青瓷片厚度为10mm，标准板块为宽度290mm、高度780mm，由于青瓷片是脆性材料，故在背面铺贴玻璃纤维网，以防其碎裂掉落。根据建筑效果的要求，青瓷片采用精制的铜扣件进行上下固定，同时也作为装饰。铜扣件的尺寸考虑了由于青瓷片翘曲所需要的预留空间以及板尺寸不平整的问题，同时考虑了以后电机维修时，青瓷片可以从上往下拆卸的空间。门钢框四周采用铜板包边的形式，最终达到了仅220mm的成品厚度。

这一排十余米高的屏扇不是固定的，需要根据使用场景进行旋转和移动。特制的旋转驱动机构采用了谐波减速器+伺服电机的方式，谐波减速器的多齿啮合对误差有补偿作用，具有传动精度高、空程小、运行平稳、噪声低等优点。在驱动结构上采用减速器轴直接驱动屏扇旋转轴的结构，减少了中间传动环节，提高了旋转精度。伺服电机可以实现位置、速度和力矩的闭环控制，低速运行平稳，噪声低，特别适用于屏扇作为建筑外立面装饰的使用场景。

考虑到屏扇极大的自重，以及需要具备承受极端风荷载（百年一遇）等情况的能力，同时需要考虑长期运行情况下土建沉降等因素，屏扇的支承系统采用了调心轴承，并带有位移补偿功能。

为保证屏扇整体外观不会变形扭曲，其内部支承钢结构必须有极高的焊接精度，设计师优化其结构体系，尽量采用一体成型的结构件，减少焊接量。采用激光下料，保证材料的初始尺寸精度，使用合适的焊接工艺及镀锌工艺，通过1:1尺寸试制，确定合适的制作工艺流程。

屏扇移动需要有预埋轨道，设计过程中，对轨道梁、屏扇骨架、钢牛腿等主要受力结构整体建模，利用ANSYS有限元软件进行分析计算及优化设计；对轨道梁的对接焊缝及角焊缝进行焊接工艺评定，编写焊接工艺作业指导书，保证焊接质量。

青瓷屏扇打开后为进出建筑物的主要通道，为保证人员安全，在屏扇底部安装有激光检测条，可实时检测屏扇运行路径上障碍物情况并由电脑自动控制做出规避动作，同时反馈相关情况给设备操作人员。

在各个专业设计人员的共同努力下，青瓷屏扇最终完美呈现在人们面前。通过电脑的精确控制，它们可以优雅地进行旋转、开合，以多姿多彩的形态欢迎各方游人。

3.2.2.2　水榭升降门

水榭，临水而建，在其内可欣赏美丽的山水景观，因此设计师在建筑立面采用大玻璃板块，尽量减少实体部分对视线的遮挡。

该系统的特别之处，是将其外围玻璃幕墙大板块单独设计成可升降模块（图3-51），板块总宽度15.1m，地上高度3.8m，中间的玻璃板块最大，宽6.1m，高3.475m，采用12mm（超白钢化）+2.28mmSGP+12mm（超白钢化）夹层玻璃，整个

图3-51　水榭升降门照片

板块可通过电机机构缓缓降至与地面平齐。设计需要考虑如何把固定的板块拆解成活动的，还不能影响幕墙的水密气密性，同时要解决传动机构如何跟板块框架平稳联动的问题。

升降门体、玻璃、驱动设备的总质量达到了15t，为了不让其在自重的作用下有过量的形变，对门框结构进行了强化设计，以保证框架的变形量在安全范围内。升降装置采用了金属滑轨接触导向形式，在板块两侧的结构墙体上布置了齿条导轨，双电机同步驱动提升齿轮，与齿条导轨进行啮合，实现门扇整体的平稳升降。

3.2.2.3　精制型钢玻璃幕墙

展馆的可视部分采用了兼顾保温及采光的玻璃幕墙（图3-52），3.3m宽、6.6m高的超大玻璃板块，对玻璃这种脆性材料的加工和安装提出了很高的要求。为降低玻璃自爆等因素而带来的安全风险，本项目大面板块采用了8mm（超白钢化）+1.9mmPVB+ 8mm（超白钢化Low-E）+16mmA+10mm（超白钢化）中空夹层玻璃；超大板块采用8mm（超白钢化）+2.28mmSGP+8mm（超白钢化Low-E）+16mmA+8mm（超白钢化）+2.28mmSGP+8mm（超白钢化）中空双夹层玻璃，确保玻璃在意外碎裂的情况下仍然能够保持完整的固定形态，不会发生坠落（型钢结构受力分析时，玻璃部分采用的是半钢化，夹层部分采用SGP的作用分析）。

图3-52　精制型钢玻璃幕墙照片

大板块设计使得在视线高度没有横向龙骨的遮挡，而常规做如此高度的幕墙，需要设置尺寸很大的立柱，或者采用大型钢桁架，这些做法都会对通透性产生影响。我们采用20mm厚度的T形及井字形焊接精制型钢（图3-53），通过钢板连接件分段将室外侧竖向钢板线条与室内钢立柱连成一体，受力分析时按前后一体计算，则室内侧精制型钢只需要100～200mm的截面高度，即可满足板块的受力要求。精制型钢相比普通钢结构平整度更高，表面做仿青铜喷涂后就能起到很好的观感效果。考虑到玻璃幕墙的隔热节能要求，在室内室外的型钢中间增加了铝合金断桥隔热型材构造，加上中空Low-E玻璃的断热作用，有效地阻隔了室内外热传导。

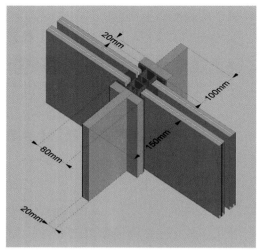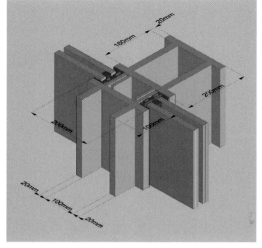

图3-53　精制型钢节点图

3.2.2.4　清水混凝土板干挂

建筑实体墙外侧采用90mm厚度的干挂预制清水混凝土板（图3-54），板块表面通过压制工艺形成立体的席纹理及竹节纹理，加上超长板块带来的无缝衔接效果，让看似笨重的混凝土展现出一丝灵动。板块一次浇筑成型，最宽1.7m，最高7.4m，单块质量接近3t，制作时需要在其内部预制钢筋框架，才能保证板块不会因自重挤压变形。成型板块与背面钢龙骨先组成单元板块，再整体通过三维调节支座挂装在主体结构上。

图3-54　干挂预制清水混凝土板照片

由于场地空间的限制，无法使用传统的汽车式起重机，施工采用越野式直臂叉装机将板块进行提升，调整到位后安装完成（图3-55）。

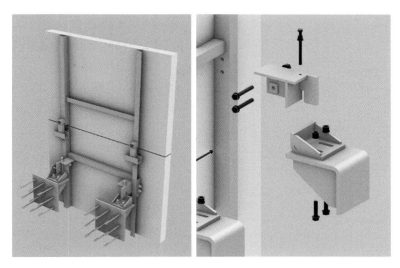

图3-55 干挂清水混凝土板安装图

3.2.2.5 幕墙与主体结构交接位置处理

建筑主体大面积采用清水混凝土表现形式，外墙无任何装饰面层。这种表现形式对玻璃幕墙与建筑的交接面配合度要求极高。设计师在玻璃幕墙与主体结构交接部位预留30mm缝隙，采用聚氨酯发泡剂填缝，内外两侧采用20mm厚度的仿青铜钢制型材进行封堵，使幕墙周边与主体结构间形成一道内凹线条，增强建筑视觉效果，同时有效消除结构偏差影响（图3-56）。

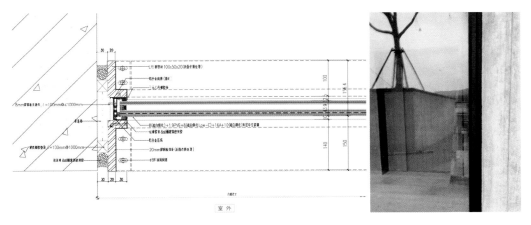

图3-56 幕墙与主体结构交接处理图

3.2.2.6 铜屋面

南大门及主馆区采用双曲面造型的铜复合板屋面，蕴含中式屋脊效果。40mm厚铜复合蜂窝板表面进行仿青铜处理，采用0.6m×0.9m尺寸面板，纵向面板前后搭接，模拟了极具中国特色的瓦片屋面安装方式（图3-57）。铜屋面板是开放式，其支承龙骨全部采用不锈钢，以防构件受到腐蚀而影响结构安全。考虑到大面积屋面在大雨天的排水问题，我们设置了二次排水系统，瓦片缝隙渗下的雨水经由下层直立锁边金属面，有组织地导入排水管道。

图3-57　铜屋面照片　　　　　　　　　图3-58　光伏采光屋面照片

复杂曲面造型给板块的加工及安装定位带来很大困难，设计师采用先进的BIM技术进行精确三维建模，在电脑上把整个屋面形状乃至每个板块都模拟出来，通过与现场实际结构进行校对调整，就能直接生成准确的板块加工数据。虚拟与现实的结合，也是科技发展的必然。

3.2.2.7　光伏采光屋面

建筑部分屋面有采光要求，我们使用0.75m×4.5m的超长板块，超白中空夹层玻璃采光顶为室内提供自然采光。为体现绿色节能环保的建筑设计理念，项目采用光伏玻璃面板（图3-58），半钢化夹层玻璃中含有高效薄膜光伏组件，在透光的同时，将部分太阳能转化为电能，减少对外部用电的需求，从而达到节能的目的。

以上仅仅是本项目众多幕墙系统中几种极具特色的代表类型。可以看到，建筑设计师不会局限于常规的既有幕墙体系和材料，他们会利用各种新材料和新技术来实现自己的创意，这些大胆的想法，使我们必须与其他行业的技术进行深度融合，由此产生了很多新颖的系统。随着时代的发展，会有越来越多的新技术不断出现。杭州国家版本馆项目凭借其独特的设计理念，必将成为一个可以传承给后人的经典建筑。

3.2.3　智能化设计

3.2.3.1　总体规划

（1）总体框架要求

本项目是集收藏保护、展示教育、科学研究、交流传播等功能于一体的科技交流平台和标志性文化场所，也是融合图书馆、博物馆、艺术馆、档案馆、展览馆、文化馆等场馆的综合体。

本项目的建设，坚持以科技创新和深化应用为重点，将先进成熟智能技术如大数据、人工智能、物联网、云计算、5G通信等广泛运用于项目的内部管理、公共服务、藏品保护等各个领域，将本项目打造成为一个智慧场馆（图3-59）。

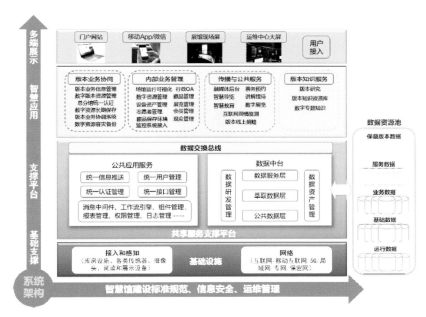

图3-59　智能化系统架构图

智慧场馆建设主要包括信息化建设、智能化建设等内容，下文将对智能化部分的建设进行介绍。

（2）智能化系统规划

本项目立足于打造以人为本的智慧版本馆，智能化系统的建设可以分为4个层面：应用层、平台层、网络层和感知层。

应用层：一是直接为版本馆的管理者服务，进一步提升馆区内部管理能力，增强项目的社会影响力；二是间接为项目服务，通过优良建筑环境，并提供更高层次的管理决策支持。

平台层：为馆区举行各类活动、展览及今后的云管理、云技术提供物理的平台，要充分地考虑今后的管理和使用变化。

网络层：通过构建不同的网络，与运营商一道，为场馆的应用提供多元化的通道；更强调增强场馆内各个方面的资源整合能力，把各方的专长资源加以整合推广，打造一个整体品牌效应。

感知层：让参观者充分感受科技的魅力，为项目创造良好的口碑。通过网络、多媒体显示等技术手段，加强内部的互动沟通和管理能力，在更加广阔的范围内提高知名度，尤其强调和突出文化艺术、科普展示、教育培训、学术交流等关键的主题方向。

本次智能化设计充分考虑版本馆的使用场景及个性化需求，整合各方情况来设计和实施该项目：确定可靠的联网设备，针对综合布线、安防、广播、机电设备管理等需要大型联网的系统，进行整体规划；使整个智能化弱电系统在物理路由和逻辑控制功能上相对独立，在逻辑结构和数据交换及联动上相互关联；既可设立总的监控中心来监视、控制和管理，也可根据需要灵活设立分中心来对各建筑分区实现区域管理，适应不同管理模式的要求。

智能化系统规划见图3-60。

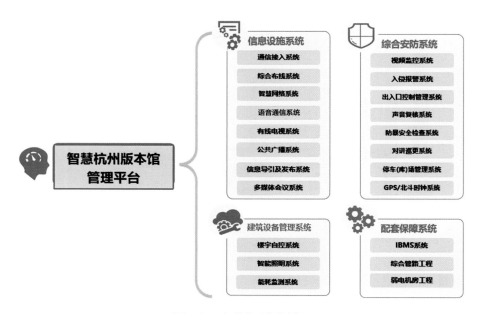

图3-60　智能化系统规划图

3.2.3.2　设计重难点分析

作为国家级重要文献资料的收藏保护、展示展览及学术交流空间，设计方认为在设计过程中应重点考虑以下几方面需求：

（1）本项目的库房及主馆三区1、2层展厅、主馆四区展廊区域、监控中心等应按《博物馆和文物保护单位安全防范系统要求》GB/T 16571—2012中的设防要求进行设计，建立起一套完善的、功能强大的技术防范体系，以满足本工程对安全和管理的需要，配合人员管理，实现人防与技防的统一与协调。

（2）本项目作为数字化智慧场馆，不仅保藏有大量珍贵的实物文献资料，同时需要对实物文献资料进行数字化处理及保存，对信息化系统的建设标准比普通文化建筑更高，综合布线系统设计应采用目前先进的超6类布线系统，支持万兆网络，确保海量数字资源的高速传输及存储；同时，针对项目大空间的特点，加强对无线技术的应用，除要求运营商提供5G信号覆盖外，室内及园区采用WiFi6技术，可实现10G带宽的无线接入，大大超过千兆有线网络的速度，为读者及管理人员提供便捷的高速网络服务。

（3）设计对库房等场所设置多种环境质量、温湿度探测器及漏水探测器，确保馆藏文献资料具有良好的保藏环境。

（4）对室内公共区域、室外景观照明进行集中管理，对空调、水泵、通排风、电梯等机电设备进行集中监控，提高物管效率，节约建筑能耗，满足绿色可持续发展的建设目标。

（5）数据中心机房作为各智能化系统的"心脏"，设计应按照《数据中心设计规范》GB 50174—2017的B级机房设计，同时网络信息安全应满足2级要求，确保信息基础设施的安全可靠。

（6）设置IBMS综合集成管理平台对各智能化系统的信息进行整合，实现资源的共享，并在此基础上，对智能化系统的设备信息、资源消耗信息进行综合分析和处理，从全局的角度建立各系统间的关联关系。

3.2.3.3 智能化特色系统

（1）信息网络系统

本项目的信息网络系统建设注重对网络安全和数据安全的保障，在网络安全基础设施上全部采用国产化架构，从底层保障数据安全可靠。利用先进的"智安全（ARTO）"理念，聚合本馆数字业务和网络安全，以"人工智能"为重要手段，以"人"为关键要素，以"数据"为核心驱动，建立网络安全运营中心、网络研判分析中心、边界安全中心、网络审计中心"四大核心能力中心"。通过安全平台为本项目建立版本数据网络安全风险与信任管理闭环，为数字化资产和版权信息保驾护航。

本项目准确地把握本项目对网络系统的高标准高要求，为其打造了一套高效安全的有线无线一体化运营网络平台和高效的IT基础平台。提供了基于智能的弹性架构与高性能的网络设备，构建了统一、整合的弹性网络平台，并提供了完善的冗余设计保障系稳定。通过采用最新的802.11aX技术，同时，借助管理着数百台交换机以及1500余个接入点的智能管理中心，可以在分散点式层面上管理接入和监视使用情况，实现有线无线网络体系的简化运维与一体化管理。

根据本项目的用户规模和网络状况，内部署近八百台无线AP，采用了无线控制器（AC）+瘦AP（FIT AP）的组网方式，瘦AP实现无线信号的处理，而用户管理、加密、漫游、AP管理等功能全部集中到AC进行，这样可以简化整个网络的管理，提高设备的工作效率。

本项目引进新一代WiFi6技术，从容应对上万用户VR、高清视频等大流量突发场景。实现在千人典礼、高端讲座及论坛时，线上直播与互动、线下及时的社交媒体精彩分享等，都不再受限于网络接入、带宽等性能，用户体验大幅提升。

另外，通过WiFi6和IoT网络融合，使网络具备感知能力，为信息化建设规划的智慧场馆、资产管理、电子价签等应用提供支撑扩展（图3-61）。

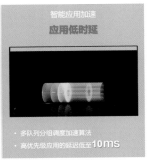

图3-61 网络特色

通过智慧网络的建设，项目实现了明显的数字化提升。通过保障极速网络体验的基础网络设施，结合智能AI运维，承载开放平台丰富的创新应用，基于"四个一"的创新理念，包括"一号"体验精细化服务：随时随地全场景WiFi6的极致无线接入体验；"一网"共享无边界资源：统一用户身份鉴权，园区内无缝漫游，实现网络高度共享，高度自治；"一码"尽享智慧园区生活：WiFi & IoT物联网融合打造可感知园区网络；"一屏"掌控园区动态：智能化大数据分析，提升整网体验，不但丰富了智慧园区服务的内涵，更是切实促进了宣传部质量和运营管理效率的提升。

（2）安全防范系统

本项目的库房及主馆三区1、2层展厅、主馆四区展廊区域、监控中心等确定为一级风险目标，安全防范系统的防护级别按照《博物馆和文物保护单位安全防范系统要求》GB/T 16571—2012中的一级防护设计。采用纵深防护体系，纵深层次区分为周界、监视区、防护区和禁区，防护重点为出入口、库房（含备展库）和主馆三区1、2层展厅、主馆四区展廊区域。监控中心等。其中重要展厅白天开放时设置为防护区，晚间闭馆时设置为禁区。各库房（含备展库）、监控中心、数据中心设置为禁区。

其他研究区、交流区、业务用房、技术设备区、行政办公区、生活保障区按先进型安防工程设计，采用集成式联网型安全防范系统。

1）系统前端防护区域的构成

文物安全防范工程应优先选择纵深防护体系。纵深防护体系是实现多层次、多方位、多技术的防范体系，从而达到前端报警及延迟设备布设合理严密，做到有警必报，无警不误报。

一般纵深防护体系的三大区域如下：

监视区（Surveillance Zone）是指周界报警或周界栅栏所组成的警戒线与防护区边界之间所覆盖的区域。

防护区（Protection Zone）是指允许公众出入的防护目标所在地域。

禁区（Forbidden Zone）是指贮存、保管防护目标的库房、保险柜、修复室和其他不允许公众出入的区域。

2）系统前端布设的要点

整个系统前端优先选择纵深防护体系，区分纵深层次、防护重点，划分不同等级的防护区域。将文物卸运交接区设为禁区，并安装摄像机和周界防护装置。

文物通道的出入口处安装摄像机、出入口控制装置、紧急报警按钮和有线对讲分机。

文物通道内安装摄像机，对文物可能通过的地方均安装摄像机，做到不留盲区。

设置以视频图像复核为主、现场声音复核为辅的报警信息复核系统。

对于所有防护部位的摄像机和声音复核探测器均进行24h的实时录像、录音。

3）安防系统先进技术

①先进的"黑光"和"鹰眼"摄像机

本项目中的大部分摄像机采用了业内最先进的"黑光摄像机"，在本项目现场实现了暗光及无光环境下的全彩监控。黑光摄像机采用全新的双sensor构架，双ISP引擎，针对两路图像的特点分别进行处理优化，其中一路强化处理色彩，尤其对弱光环境下色彩进行优化，提高色彩还原的准确性，另一路强化处理细节，细节提取及增强更加自适应化，有效提升图像清晰度。

在室外高点，本项目还采用了高精尖技术的1600万像素360°全景"鹰眼"摄像机。鹰眼采用一体化概念设计，由4个固定在水平不同方向的高清摄像头+高速球组成特殊的监控结构，全景端4个摄像头负责合成1个全景180°的监控画面，单个摄像机即可提供全景180°和特写画面，兼顾全景与细节。全景鹰眼很好地解决了传统摄像机无法兼顾全景同时捕捉细节的问题，在实现全景监控的同时大大减少了现场摄像机部署的数量，保留了项目现场的自然景观。

②覆盖全场景的"一脸通"人脸识别系统

本项目中的门禁部分，大量采用了具有人脸识别功能的"明眸"一脸通人脸识别门禁系统，该系统采用基于多级卷积神经网络的深度学习算法，专业的视频图像采集处理技术，先进的前端数据分析比对逻辑，人脸识别时间小于1s，并能保证优秀的精准度。在无光的夜间模式下，该系统同样识别灵敏，在几乎全黑环境下，不同距离、不同视角均能实现人脸识别。人脸识别门禁可有效解决以往卡片丢失、卡片借用带来的安全隐患。

除了人脸识别门禁系统之外，在本项目重要出入口区域，我们也设置了带有人脸识别抓拍功能的"深眸"智能摄像机，配合后端人脸分析服务器做人脸比对、告警、轨迹追踪。

人脸识别系统是一套专门针对馆区进出的人员进行监控的系统，是视频分析、运动跟踪、人脸检测和识别技术在视频监控领域的全新综合应用。前端摄像机将抓拍到的人脸图片传输到数据库进行数据存储，并与人脸黑名单库进行实时比对，当发现可疑人员时，系统自动发出报警信号，保护内部人、财、物的安全。

③第三代振动传感周界报警系统

传统的周界报警检测手段，多以简单的信号阈值为唯一的报警判断依据，在漏报率和误报率之间难以权衡，导致系统可靠性低，可用性无法满足用户要求。

本项目采用最为先进的第三代以"传感网网络"技术为核心的振动传感结合视频监控形成立体的周界报警防控体系，通过感知对栅栏网的振动信息，对攀爬和破坏栅栏的行为进行监测，防止外来人员通过翻越围界实施非法入侵等破坏工作。

振动传感周界报警系统通过多种感知手段，以振动传感器为基础，复合视觉传感器、环境感知装置等完成协同分析，实现智能化的探测识别功能。通过对现场多传感器信号的各种参量进行数学建模，完成特征比对，使前端探测更趋向于拟人化效果。而基于物联网概念的前端探测器数据的网络共享以及后台强大的数据融合算法，将整个系统的漏报率和误报率几乎降到零。

④抗击疫情的黑科技——远距离黑体热成像测温系统

为避免馆区检查工作人员与人流直接接触发生反复交叉感染，本项目采用了非接触式的远距离黑体热成像测温系统进行无感测温，可进行快速筛查，同时实现人员快速高效通行，控制人群聚集，降低交叉感染风险。

远距离黑体热成像测温系统，通过将黑体设置在热成像视野范围内，利用黑体的特性开展测温标定，建立灰度与温度的准确对应关系，进行测量温度实时校正，将视频画面和个人体温对应显示，大幅度提高人体测温的精度，减少测温误差到 ±0.3℃，精准测温便于工作人员管理排查。

⑤可视化的"安保星"定位管理系统

"安保星"是一套安防可视化定位管理系统，通过该系统可以实现基于室内外地图的安保力量位置的实时标注和调度（图3-62、图3-63）。该系统是以手机小程序、求援二维码、求援按钮为求援通道，以保安手机App、定位爆闪肩灯、定位胸牌为定位调度终端设备，以室内外三维地图为基础的安防监控可视化平台，实现了实时显示保安人员定位、报警定位、现场视频联动、自动调度等功能。通过将相关的人员、应急资源、事件等信息在"一张图"上展现，有效解决了跨业务、跨区域的信息共享和业务协同问题，推动处置前移、警务下沉、统一指挥。

（3）楼宇自控

本系统主要用于对项目中的恒温恒湿空调、新风机组系统、机房群控系统的监视管理和节能控制，并通过管理软件中的优化控制算法和节能算法达到自动控制，以降低能耗，配合自控系统的节能式操作，减少能源浪费；同时，在硬件上提供防范性保养，对可能发生的设备问题做出事先维修（图3-64）。

主馆：报告厅、门厅级辅助用房均采用集中式水系统舒适性空调。

主馆书库：采用集中式水系统恒温恒湿精密空调系统。主馆书库为宝藏及基藏书库，采用全空气组合式空气处理机，空气处理机一用一备。

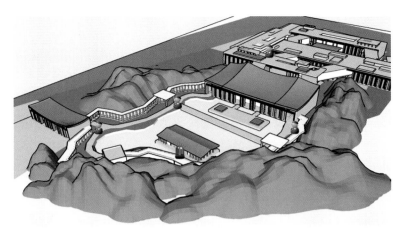

图3-62 "安保星"室内外可视化指挥平台效果展示——室外部分

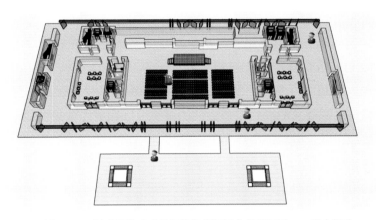

图3-63 "安保星"室内外可视化指挥平台效果展示——室内部分

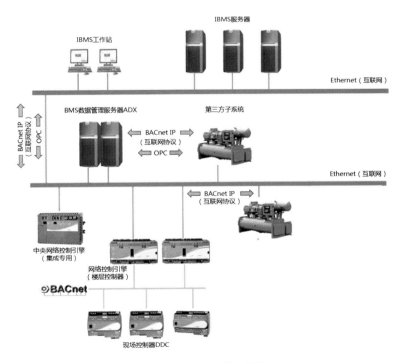

图3-64 楼宇自控系统图

3 设计的技术表达

山体库：采用集中式水系统恒温恒湿精密空调系统，采用全空气组合式空气处理机，空气处理机一用一备。

亮点一：冷源自控系统抛弃了常规控制逻辑方式，采用根据效率优先自动选择冷冻主机和风冷热泵开启台数，基于同类系统逐时历史运行逐时负荷值、当前时刻前一时段的机房供冷量，及室外温湿度实时值及天气预报的空调负荷预测算法；以机房制冷效率最优为核心，实时寻优机房制冷机组，冷冻、冷却循环泵，冷却塔开机组合方式；根据室外温湿度变化智能优化冷冻水出水温度重设值；根据室外温湿度变化及冷却塔变工况性能参数智能优化冷却水出水温度重设值，按需调节循环水泵频率，降低水泵能耗；按需调节冷却塔风机频率，均匀布水变频运行。系统实时完整记录机房运行各项参数，具备直观数据分析图表，系统自主学习优化的算法使得系统控制最优化、最高效，可起到节能减排的效果。

亮点二：书库部分的恒温恒湿空调承担了书库的环境控制重要任务。我们采用某自控FAC/FEC控制器中内嵌获得专利的比例适应控制算法（P-Adaptive）和模式识别适应控制（PRAC）算法，为恒温恒湿空调系统提供更优的闭环控制优化功能，能够在满足系统要求的同时获得更快的调节速度和更加理想的稳态性能，从而减少系统的波动、减少电能的消耗，节碳减排。

（4）IBMS系统

IBMS楼宇智能化集成管理系统包含电气消防、视频监控、防盗报警、门禁管理、电子巡更、暖通空调、给水排水、变配电监控、智能照明、电梯监视、客流统计、停车管理、信息发布、背景音乐、能源管理等，通过软件集成和物理集成的方式，将所有需要监控的弱电控制子系统集成在一个操作平台上，实现远程监视和联动控制，从而实现"降低人工成本""提高快速响应""分权限管理"的目标（图3-65）。

图3-65　IBMS系统图

本项目智能化集成管理系统依托物联网＋技术，选用IoTs.DIA物联网数据整合架构的物联网平台，以"物联网＋大数据"为策略，提供项目大数据通用服务平台，构建数据资产中心，致力于实现数据共融共享，进行系统解耦，消除信息孤岛，保障数据安全，提高大数据应用水平。

物联网平台采用微服务架构，利用云计算、大数据、物联网、智能AI、RFID、5G等新一代ICT技术，通过南向的数据采集接口，向下实现场馆对象数据的全联接，实现子系统数据全融合，打破数据孤岛，实现精细化设备运维管理，并对数据进行汇总分析、深入发掘、多维度比较分析，进一步发掘数据增值空间，为场馆管理数字化转型赋能。

物联网平台通过标准的规范性数据接口定义，在同构数据、异构数据之间进行数据抽取、格式转换、内容过滤、内容转换、同异步传输，支持的数据包括各主流数据库、规格文本、各类文件、数据接口等格式，最终实现各相关系统间的数据采集、存储、交换与共享。物联网平台基于采集的各个系统全量数据源，进行可视化集成配置，以数据化图形化形式实现园区整体治理态势的实时呈现与研判（图3-66、图3-67）。

图3-66　IBMS系统主页

将子系统集成在一个平台上，使用统一的界面风格进行所有系统的集成管控，大大降低了操作门槛，提高了操作效果。基于此平台，产生的数据可量化，产生的报警可管控，产生的事件可流转，运维团队工作的效果可评估，整个运维过程形成一个高效的闭环，有序运转，彻底改变粗放的管理模式，提高了园区运维管理的水平。

利用该平台可为每台设备提供电子档案，从设备安装调试运行到故障维护报废，实现了全过程记录并达到完全无纸化管理，对设备运行监控过程中产生的数据和事件，通过系统模块进行流程化处理和标准化管理，减少依靠单个人本身的专业局限性，可实现设备全生命周期管理。

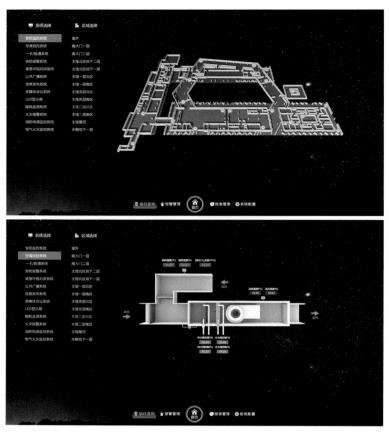

图3-67　IBMS系统操作界面组图

3.2.4　光环境设计

光环境专业在杭州国家版本馆项目中承担了建筑照明、室内照明、景观照明的设计工作，在消化理解方案设计后，首先将所需要表现的场景输出为可视化图片文件，在这个项目中，大量采用了DIALux evo专业软件进行模拟，以保证效果可控，此外本项目中各场景中材料丰富多样，还需要及时把控反射材料的准确性。

3.2.4.1　设备隐蔽

本项目有别于其他项目之处在于没有机会用二次装修来隐蔽诸多管线和设备。本项目在建筑室内外采用了大面积木纹、竹纹肌理清水混凝土和夯土墙面，室内外墙面都不多做装饰，故灯具的隐藏以及前期一次成型的预埋就显得尤为重要，同时还要将灯具外观对整体建筑结构的影响降到最低。在主馆一区的木构上方，我们把特殊定制的线形灯具隐蔽在主梁内部朝下照亮主木构的一部分，主梁两侧下挂部分正好遮挡了斜向观看灯具的视角。在木构的户外部分，为了表现木构的层次变化，我们在落地墙侧安装了高功率洗墙的地埋线条灯朝上照明，一方面表现了夯土墙和木纹清水墙面的肌理，另外补充了木构自下向上的照明，最终形成上下逐层丰富的视觉效果。在木构的室内部分，我们除了利用了墙面夯土洗亮照明之外，还利用斜面下挂板和侧面拉索下安装补充设备打亮墙面和顶面。这些间接照明的主要作用在于在表现层次的同时，提供空间工作照明，工作照明需求不足部分由隐蔽在木架中的直接照明补充，在空间的探索中，尝试用多种照明手法隐蔽灯具本身而强调空间。致力于达到"见光不见灯"的设计意图。

在木构和观景阁等没有隐蔽施工条件的位置，除了灯具的隐蔽之外，重点还需要解决管线的隐蔽，有些结构是实木柱子，有些结构是钢木柱，以水榭为例，只是一个回路的走线往往要画出十几张图。

3.2.4.2　表达意向

本项目中主创设计团队一直强调"宋韵"在建筑意向中的表现，其延伸到夜晚，在照明手法上的初次尝试完全摘除了直接式照明在外部环境的采用，尤其是对建筑的表现，我们采用了多层渐进式的表现式照明强调不同位置和体量建筑体在画卷中的构图作用。

理解这些原则之后，主馆一区作为亮度的第一层级往其他位置延伸，绕山廊仅表现内部的竹纹清水墙面蜿蜒的连接，水榭的木构部分则把线条灯暗藏在月梁和木梁朝上表现木构穿插的关系，最后又以裸露的崖壁作为画卷的背景部分，使观赏者在不同的位置欣赏到的都是有变化且层层退进的丰富场景。为了实现这个目的，除了要解决前文所说的把灯具尽量隐藏之外，还需要对所有场景中的材料的反射率非常熟悉，照度和色温对材料产生变化之后的亮度才是最终输入到人眼内的关键信息，灯光重在表现的是载体之中彼此互相影响产生的层次变化。

以南大门为例，从外观来看，最重要的是青瓷屏扇和南面呈现的形态。青瓷屏扇本身是光泽反射面，不可直接照明，所幸青瓷屏扇常态下是朝向各种不同的旋转角度，照明采用埋入地面的专用洗墙灯对背后的竹片肌理混凝土进行强调，其所反射出的光芒折射入每一片青瓷片中，形成微妙的肌理变化，再利用悬吊青瓷屏扇的桁架上方朝顶面照亮强调灵动飞起的屋顶线条。相对而言，屋顶的深色紫铜面由于反射率过低，表面和肌理其实很难被照亮，所以我们采用了四盏高功率小角度偏配光射灯对屋顶形似山峰的尖顶照亮，再佐以两侧山墙的片墙洗亮照明而形成山形意向的外部形象。

再以主馆五区屋顶为例，主馆五区作为办公楼以及人行进入的主入口，设计语言不同于其他几个区，主创设计团队在这部分区域对顶面设计注入了较多心血。设计的主要特色是2层顶面高达一米的竖向密肋梁和一层内部的田字梁，田字梁部分的照明需要解决两个痛点：提供办公直接照明并表现梁结构之美，同时使此大厅的最终亮度水平高于其他内部场所。最终结合主创设计团队的提资方式，采用了底侧双面出光的定制线条灯，暗藏于清水混凝土梁的侧面，底面出光面采用较大功率提供给办公照明足够的直接照度，侧面出光指向田字梁底的清水面，阵列的发光田字梁最终形成了十分壮观的形式感。

根据场景和环境的需要，在具体细部处理手法上这个项目中采用了非常多的方式，以清水面为例，大致即可分为以下几种：

地面线条洗墙灯朝上洗亮，以擦掠的方式强调墙面肌理的质感；

电梯间等处采用漫反射灯条贴墙面安装，利用更分散的光线增加空间的多次反射，在表达肌理的同时使空间更加丰富；

曲面屋顶的清水面，需要同时强调清水和曲面两个元素，采用下挂式线条灯具，提供朝上照明，强调曲面肌理的微妙变化；

展廊等处留槽斜向上方照亮屋顶，强调大空间转折的关系。

3.2.4.3 设备选择

在常规项目中，我们尽量不使用定制产品，避免增加现场工作量和甲方的采购成本，但是本项目中的许多应用都是前所未见的，势必要求在设计工作同期中根据现场需求量身定制合适的设备。

以水榭顶面朝下照亮的线条灯为例，水榭顶面为玻璃顶面，梁间形成了自然的口字形造型，主创设计团队要求这里的线条灯能够形成四周一圈的连贯关系，对传统的安装和出光方式都需要做出调整。因此我们对灯具的截面都重新进行了设计。

再以景观庭院灯为例，本项目要求能够做多杆合一，庭院灯杆除了要具备照明作用之外，还需要具备监控、AP、一键报警、广播等功能，根据主创设计团队要求，在外观尽量简约的标准下，我们重新设计了多种设备的组合形式，采用L形杆。

其他诸如线条灯的弯曲形式定制，不同长度和宽度要求对灯具的调整更是数不胜数，总体上整个项目采用了不下一百种照明设备，不仅对设计，也对安装和承包商提出了极大的挑战。

仅供应商送样就至少进行了大大小小的十几轮。定样过程我们关注的不仅是外观，还有实际的出光效率、角度等。内部参数如色温色容差更是重中之重，即使色温偏差不大于50也有可能因为色温差产生视觉差异，类似这种问题，在定样阶段都应该极力避免。

3.2.4.4 现场调整

除了前期密切调整的图纸工作之外，贯穿在整个项目中的还有频繁多次的现场工作。整个项目在正式施工之前，多区域都制作了1:1的样板区，如主馆一区木构和主梁、水榭木构、清水墙不同做法等，照明也同期进行了多次试样。以木构为例，原先整个项目中全部设备都采用了主馆五区密肋梁贯穿五区2层内外的顶面，这里最大的问题是在对其片状结构强调的同时，避免顶面覆盖的玻璃顶反光。我们分别于夏天、冬天、春天的傍晚在这里现场观察之后，确定灯带安装于密肋梁顶面朝斜侧方向照亮，并内退70cm，两侧双向照亮，并且采用铝槽固定的面发光软管，即使经过玻璃时产生折射，但在较远距离处仍然能观察到照亮效果：密肋梁自身照明和主馆五区入口夯土墙上的洗墙照明产生的层次关系非常优美。

本项目的色温选择内外统一为3000K，但因为反射面的不同会产生冷暖差异的对比，唯一调整的位置是木构区域，在试样阶段，我们发现木料经过处理后呈现比较红的表面，3000K色温照射后木料产生的反射烘托出一种过于热闹的喜庆气氛，与宋韵淡雅意向有悖，最终确认了所有木构处线条灯色温调整为3500K。

3.2.4.5　智能控制

一个完成度比较高的项目除了需要考虑一次呈现的效果之外还需要考虑使用过程中的便捷性。本项目根据空间、区域的不同采用了多种灯光控制方式。室内部分较为普通的地方采用壁式开关或不调光的控制方式，公共大空间则采用了可调光灯具，而像展厅这种对灯光要求更高的空间，我们则采用DALI（数字可寻址照明接口）单灯调光单制的方式。

室外部分考虑到建筑多曲面和各种高低的穿插关系，灯具采用DMX512单点可控的控制方式，能精确地控制每盏灯，通过后期灯光调试编程，可实现不同场景不同亮度的多功能智能模式。最终通过KNEX协议，将灯光控制模块集成于智能化集成系统IBMS平台内。

IBMS平台集合了室内外包括景观照明配电箱在内的智能照明控制模块，根据现场需求设置控制面板。在不同时段根据照明环境的要求自动进行启停控制。结合时间模式的控制，最大限度地节能，同时保证有一个非常舒适的照明环境。照明配电箱内的智能控制器作为主要监控设备，可以实现多种灯光模式的控制。配置相应的控制面板、中控软件和中央监控工作站的组态。智能照明系统通过设备专网进行联网管理，管理主机设在主楼1层消控监控机房。智能照明控制模块、控制面板等都通过总线接至相应的区域管理器，区域管理器通过园区设备网接入系统管理平台统一管理。

3.2.5　市政设计

3.2.5.1　道路设计

本次设计的道路位于杭州国家版本馆地块内部，主要承担内部交通组织和消防道路的功能。道路作为馆区内的一种构造物，路线的布设必须与景相融，做到既要满足车辆通行的基本要求，又要达到自然景观与再造景观的和谐统一。主要设计原则如下：安全第一，注重以人为本；服从建筑、景观总体布局；不追求道路等级标准，以免损伤景源与地貌，不损坏景物和景观；道路平面、纵断面、横断面及路面构造，在满足使用要求下，与沿线用地的景物、景观、环境相协调。

（1）平面设计

馆区的道路是造景的重要组成部分，作为导引游览的路线，构成一个完整的游览道路网，同时又把整个馆区分为若干个区，既丰富景观景区，又诱导游人从不同线路、不同的方位去观赏不断变换的景观。馆区道路设计速度为5km/h，线路平曲线形组合较为灵活，线路走向时而依山傍水、时而斗折蛇行、时而隐匿场馆之间，使人视觉上明暗交替、应接不暇。尽管路线曲折，线形较差，但把对自然山体的破坏、对建筑及景观整体布局的影响降到了最低限度；另外，还采用种植树木的办法进行景观补救，在路堤、路堑及结构物的过渡段植树，与景观恰当配合。

（2）纵断面设计

现行城市道路设计规范是针对一般城市道路编制的，其中一些指标并不适用于馆区内部道路设计，考虑到馆区主要通行车辆及设计速度较低，在一定程度上增加了馆区道路纵断面设计的灵活性。道路纵坡范围在0～7.044%之间，针对坡度为0的区域设置路侧排水沟，可加快路面雨水汇流及泄排；7.044%纵坡区域的路面结构为花岗石细凿面，具有抗滑性能，设计参数为摩擦系数$\geqslant 0.5$，防滑性能指标$BPN \geqslant 60$。在馆区地块内部，建筑专业为景观效果的主景专业，建筑物区域内道路竖向设计标高在满足使用条件情况下，服从于建筑室内地坪标高，故须合理确定馆区道路变坡点的位置和标高，保证出入建筑物时平顺自然；建筑物区域外，在设计时充分利用地块现状地形标高，避免大填大挖现象，既可减少土石方工程量，节约建设成本，又可保护馆区内的整体环境和原有风貌。

（3）横断面设计

馆区内道路横断面主要形式为行车道+压边石的组合；馆区主要道路标准横断面宽度为7m，采用2%的双横坡，馆区次要道路标准横断面宽度为5m，采用1.5%的单向横坡。

（4）路面结构设计

馆区道路面层材料的选择在本次道路设计中既是重点又是难点，不仅要依据馆区道路的功能、当地气候、工程地质以及材料本身的性能特点，如材料的颜色、质感、强度、耐候性和施工的方便性等，还要考虑材料颜色的搭配、形状的选择、图案的创意、与周边建筑和其他景观的协调，以及材料的价格和其他费用等。目前，馆区道路面层铺装材料的种类可归纳为7类：高分子材料，如丙烯酸类树脂、环氧树脂、聚氨酯类、聚酯和氯乙烯等；沥青材料，如有色沥青和无色沥青；水泥，如硅酸盐水泥和高炉矿渣水泥；陶瓷材料，如炻器材料和瓷器材料；土石材料，如陶砂石、粉末、碎石、黏土等；石材，如花岗岩、大理石、铁平石、砂岩等；木材，如木块、软木、锯屑等。

设计流程是：馆区道路空间定位→分析馆区道路应有的功能→调查馆区道路所处的地质环境→设计上对面层材料确认→功能上对面层材料检验→最终确定铺装材料。由于馆区内基本上都是仿古建筑，结合选材方法，主要选用透水沥青、虾红花岗岩铺装，露石混凝土路面结构。

不同区位采用不同铺装类型。透水沥青用于馆区地块内次要位置及部分对外交通连接处；虾红花岗岩用于馆区地块内部重要位置，铺装格调与群馆形式相协调；露石混凝土用于馆区内部道路路侧停车位处。

3.2.5.2 室外给水排水设计

（1）给水设计

室外给水设计侧重考虑供水的可靠性与安全性，在市政只有纵三路市政给水一路供水的条件下，室外给水及室外消防管网均布置成环网，且室外消防还需增设消防水池。

1）室外给水设计

本项目给水水源采用市政自来水，由西侧纵三路市政给水管网上接一根DN200给水管引至地块，市政接口处设置DN150的水表，管道经计量后在地块内形成供水环网，各馆区给水在供水环网上设二级分支引入管及计量水表接入各自生活给水系统。

2）室外消防设计

相较于一般室外消防采用低压消防给水系统，本项目室外消防水量为40L/s，市政供水仅能由项目西侧的纵三路提供一路接口，故室外消火栓系统采用临时高压消防给水系统，由位于山体库集中消防泵房内的室外消火栓泵（Q=40L/s，H=50m，N=37kW；一用一备）供水。消防泵房设两路引入管，室外设取水口和水泵接合器。室外消火栓泵出水管在场地内成环状布置，室外消防环网管径DN200，室外消火栓布置间距不大于120m，保护半径不大于150m，距道边不大于2m，消防水泵接合器15～40m范围内设有室外消火栓。

3）管材选用

根据《建筑给水排水设计标准》GB 50015—2019和《消防给水及消火栓系统技术规范》GB 50974—2014，室外埋地给水管常规管材主要为塑料管、有衬里的铸铁给水管、经可靠防腐处理的钢管等管材，埋地消防管道宜采用球墨铸铁管、钢丝网骨架塑料复合管和加强防腐的钢管等管材。考虑到本项目重要性，室外埋地给水管选用具有耐冲击性好、耐腐蚀性强、接口密封性好、水力性能佳、使用寿命长以及施工便利等优点的钢丝网骨架塑料复合管。

（2）雨水设计

场地雨水设计的重难点在于排雨标准的选择以及排水形式的多样性设计。

1）排雨标准高

考虑本项目的重要性，设计时屋面排雨系统设计重现期不小于10年，管道系统与溢流设施的总排水能力不小于设计重现期100年；路面排雨系统设计重现期不小于10年；山体排雨系统设计重现期不小于100年，均按相应规范下的最高标准进行设计，确保排雨及时、迅速，并留有余地。

2）排水形式的多样性设计

本项目场地呈倒梯形，北面为良渚港沿线绿地；东南沿线为现状山体，其中南部为废弃矿山；西面为规划纵三路。由于用地红线与场地内的山体现状崖壁重叠，场地东侧依靠现有山崖布置由书库和车库功能组成的山体库房，在其上利用生态修复、重塑山形，覆土复绿，形成完整的山体形态；而南区的绕山廊设计贴牢现状山体，拟将建筑、构筑物的结构设计与山体边坡治理、生态修复的结构措施整体考虑。此外，主创设计团队在场地内大量运用"保留小山体"和"堆土叠石"的创作手法。因此相比普通室外排水设计，本项目需考虑屋面雨水、地面雨水以及山体雨水的收集排放。

①屋面雨水

南大门和主馆一区南侧的屋面雨水采用虹吸排水，其余屋面雨水采用重力流排水。为确保与虹吸排出管连接的室外雨水检查井能承受水流的冲力，设计室外检查井采用钢筋混凝土井。

②地面雨水

环池道路充分利用北、中、南三池的调蓄功能以及海绵设置的环池生物滞留带的净化功能，通过道路纵、横坡将雨水排入三池，并充分考虑池水溢流的排放；其余道路采用压边石开孔下设排水沟的形式，铺装广场则采用缝隙式排水沟的形式，既满足排水又兼顾美观；对于纵坡较大的道路设置箅子截水沟。

③山体雨水

自然山体雨水排放主要沿山体山脚以及"堆土叠石"形成的低点设截洪沟排出山体雨水。南区的绕山廊设计贴牢现状山体，设计创造性地将截洪沟融入绕山廊建筑设计当中，解决用地空间不足的问题。

东侧山体库屋顶利用生态修复、重塑山形、覆土复绿形成完整的山体形态，其排水本质为绿化屋顶排水，设计考虑同时设置结构板排水和地表排水。整体设计思路为：雨量较小的情况下，屋顶种植茶田雨水自然下渗至屋顶结构板，通过屋面上的排水层及排水盲管逐级向下排放，地表水转化为结构板排水；雨量较大的情况下，自然下渗能力有限，会形成地表径流，此时雨水通过屋顶茶田分级挡墙前设置的地表排水口快速排水；此外沿茶山道路内侧设置一道排水沟，增加抗风险能力。

3）雨水收集融入海绵设计理念

结合海绵设计理念，充分利用场地条件和设施，通过"渗、滞、蓄、净、用、排"等工程技术措施，如：设置透水沥青道路、下凹绿地、生物滞留带、植草沟、雨水花园、蓄水池等，改变传统的雨水收集排放系统，延缓雨水进入管网的时间，并使得初期雨水得到一定净化。

（3）污水设计

污水设计的重难点在于需要考虑系统布置的合理性以及运维管理的便利性。

1）系统布置的合理性

受敷设空间的限制，项目采用污、废合流制，生活污水与生活废水合流排入室外污水管网，分系统经化粪池处理后，就近排入纵三路市政污水管。

2）运维管理便利性考虑

污水排水量定额与生活给水量定额相同，经计算最高排水量为338m³/d，最大排水量约为16.0m³/h，馆区室外干管最小D200能满足流量要求。从管道运行的实际案例看，D200管淤堵的概率较大，因此考虑后期运维管理的便利性，将管径放大为D300。

3）管材选择

根据《建筑给水排水设计标准》GB 50015—2019，馆区室外生活排水管道系统，宜采用埋地排水塑料管。设计室外埋地排水管采用粗糙系数较小、耐腐蚀性能较好及运输安装方便的玻璃钢夹砂管。

3.2.5.3 室外管线综合设计

为实现馆区用电、通信、用水、消防、排水以及水池循环的功能，本项目室外总共设有电力、智能化弱电、给水、消防、雨水、污水、池水处理供回水、水池循环水、景观绿化浇灌用水、燃气等多种综合管线，室外综合管线繁多。

管线综合设计宜采用综合管廊布置，但限于建筑布局及场地空间限制，无法落实。综合管廊需要设置断面尺寸为5.5m×4.5m的地下管廊，建筑地下室布局与综合管廊平面布局冲突；管廊的人员出入口、物料吊装口、进风口、排风口、逃生口等附属构筑物也无场地空间设置。本项目综合管线采用直埋敷设，造成附属检修井偏多。设计考虑以下两点优化：尽量利用场地空间，将管线设于绿化带；美化井盖，设置隐形井盖。

3.2.6 基坑围护设计

3.2.6.1 概况

杭州国家版本馆项目设有3个独立地下室，北区设有2层地下室，主楼、水榭位置各设有1层地下室。项目基坑开挖深度为2.2～8.2m，根据《建筑基坑工程技术规程》DB33/T1096—2014的有关规定和周围环境的特点，基坑工程安全等级为一级。

3.2.6.2 水文地质条件及周边环境状况

（1）工程地质与水文条件

根据勘探结果，结合原位测试资料及室内土工试验分析，主基坑开挖深度范围内主要土层为①₁杂填土、①₂素填土、②₁粉质黏土、②₂黏质粉土、③淤泥、④粉质黏土、⑨含角砾粉质黏土、⑩₁全风化凝灰岩。孔隙潜水赋存于表部填土及粉质黏土中，埋深0.50～3.90m。相关条件参数见图3-68、图3-69及表3-15。

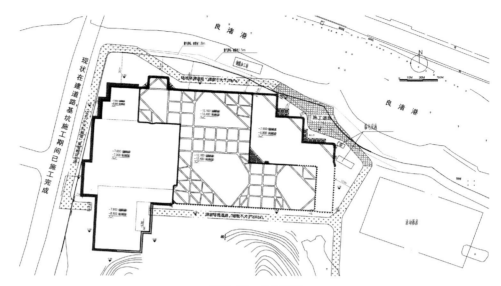

图3-68 总平面图

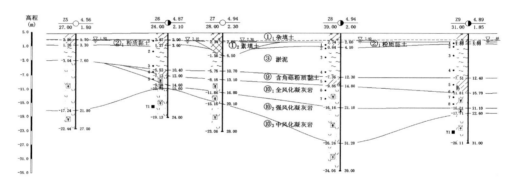

图3-69 典型地质剖面

土层物理力学参数 表3-15

| 层号 | 岩土名称 | 重度 γ (kN/m³) | 渗透系数 | | 固结快剪 | |
			水平K_h (cm/s)	垂直K_v (cm/s)	C (kPa)	ϕ (°)
①₁	杂填土	19.0	—	—	5.0	10.0
①₂	素填土	18.5	—	—	8.0	12.0
②₁	粉质黏土	18.6	4.1×10^{-6}	2.9×10^{-6}	31.1	16.6
②₂	黏质粉土	18.4	6.8×10^{-5}	5.1×10^{-5}	12.5	27.2
③	淤泥	16.0	1.5×10^{-7}	1.1×10^{-7}	12.3	9.1
④	粉质黏土	19.0	6.5×10^{-6}	4.3×10^{-6}	37.6	19.7
⑨	含角砾粉质黏土	19.0	4.1×10^{-6}	3.1×10^{-6}	40.1	21.3
⑩₁	全风化凝灰岩	18.8	2.8×10^{-5}	2.2×10^{-5}	34.3	21.8

（2）周边环境条件

本项目基坑东侧设有施工道路。基坑南侧为现状空地，空地外侧为现状山体，在基坑施工期间需对山体进行保护。基坑西侧围护边线距离用地红线最近约为2.2m，西侧红线为在建道路。基坑北侧为现状空地，围护边线距离用地红线最近约9.9m；红线外设有一条燃气管线，埋深约1.8m，距离围护边线最近14.2m；空地外侧为现状良渚港，围护边线距离良渚港最近约为26.4m。

3.2.6.3 基坑围护方案及关键施工技术

（1）本基坑工程中重难点

综合分析本工程的基坑形状、面积、开挖深度、地质条件及周围环境，本基坑工程主要存在以下重点与难点：

1）场地范围内土层条件差异大，淤泥土层由南向北逐渐增厚。保藏楼2层地下室北侧部分范围内基坑坑底位于淤泥质土层中，基坑底淤泥质黏土层厚、强度低、压缩性高，具有高灵敏度和触变性，对基坑变形控制和稳定性非常不利，设计过程中应对不利土层予以重视，充分考虑工程性质较差的土质条件带来的不利影响。

2）基坑面积大，基坑开挖影响范围大，土方卸载量大。

3）基坑邻近山体，在降雨季节中地表排水量丰富，需采取合理有效的降排水措施，保证地下室的顺利施工。

4）项目工期紧张。

（2）基坑支护方案设计

综合分析场地地理位置、土质条件、基坑开挖深度及周围环境等多种因素，在"安全可靠、技术先进、经济合理、方便施工"的原则下，围护设计确定采用以下方案：保藏楼大范围内采用钻孔灌注桩加一道钢筋混凝土支撑的围护形式；基坑西侧采用大放坡的围护形式；止水帷幕采用直径800mm的高压旋喷桩，避免淤泥质土从桩间涌入坑中；坑中坑位置，邻近北侧淤泥分布范围采用高压旋喷桩重力式挡墙支护；主楼、水榭采用大放坡的围护形式（图3-70、图3-71）。

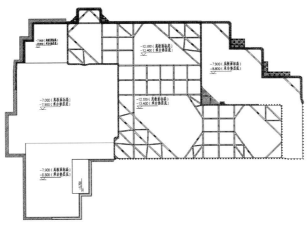

图3-70　围护结构平面布置图

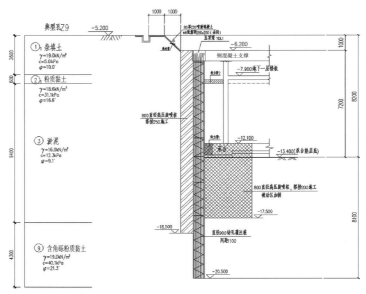

图3-71 典型围护剖面图

保藏楼位置结合基坑的平面形状,采用了角撑结合中间对撑的形式。支撑采用单道钢筋混凝土支撑。支撑受力合理、明确,基坑中留出较大挖土空间。支撑杆件受力明确,可有效控制围护体的侧向变形,同时围护桩受力合理,确保了基坑安全,节省了工程造价。

基坑采用的高压旋喷桩作为止水帷幕,兼具挡土功能。根据附近工程经验,该方法可有效地将坑外地表水隔断,起到止水挡土的效果。基坑内部可采用明沟结合集水井方式排水。为防止地面水进入基坑,在基坑外侧四周设置地面排水沟,将地面水引进邻近下水道,同时加大了排水沟尺寸,以确保雨季排水顺畅。基坑现场开挖图见图3-72。

(3)基坑监测结果

本项目基坑施工期间,坑外深层土体水平位移、地表沉降、支撑轴力监测等均未超过设计变形控制值,深层土体水平位移均小于30mm(表3-16),基坑安全顺利施工完成。

图3-72 基坑现场开挖图

基坑各项监测报警表		表 3-16
监测项目	报警值	变化速率
深层土体水平位移	40mm	连续三天变形超过 3mm
地下水位	500mm/d	一天水位变化幅度超过 500mm
基坑周边地表沉降	30mm	连续三天变形超过 3mm
立柱桩沉降监测	5mm	日变量超过 2mm
支撑轴力监测	8000kN	—

3.3
绿建与数字化措施

3.3.1 总体设计

2020年9月22日，习近平主席在第七十五届联合国大会上提出我国"2030碳达峰2060碳中和"愿景。这是以习近平总书记为核心的党中央着眼构建人类命运共同体，共同守护地球而部署作出的庄严承诺，为全球生态治理提供的"中国方案"，是我国坚持走绿色低碳发展、高质量发展之路，建设美丽中国的战略路径，是践行以人民为中心的发展思想，让人民群众共享生态文明建设成果、享有最普惠民生福祉的必然选择。

碳排放主要来自建筑、工业、交通三大领域。据相关专家统计，当前我国建筑领域运行碳排放约为21亿t二氧化碳/年，占全国总量的20%左右。大力减少建筑领域碳排放将对我国早日实现碳达峰目标与碳中和愿景具有重要意义。

项目采用EPC总承包模式，在总体设计时充分融入绿色低碳理念，综合运用可再生能源与建筑一体化应用技术、雨水回用系统、海绵城市设计、建筑信息化模型（BIM）技术等绿色低碳与数字化措施，真正践行资源优化、保护环境、绿色建造，大量减少建筑碳排放，打造绿色建筑、海绵城市、建筑信息化应用等一系列集中试点示范项目，实现高质量绿色发展。

3.3.2 绿色低碳技术应用

绿色建筑是在全寿命期内节约资源、保护环境、减少污染，为人们提供健康、适用、高效的使用空间，最大限度地实现人与自然和谐共生的高质量建筑。依据《浙江省绿色建筑条例》及《余杭区绿色建筑专项规划（2017—2025年）》要求，杭州国家版本馆项目从规划设计之初即定位为绿色建筑二星级。为贯彻绿色建筑的理念和可持续发展的精神，本项目将绿色建筑作为一个重要的设计要点进行考虑，力求在满足室内环境舒适、卫生、健康的条件下，采取合理有效的建筑节能技术，提高能源效率，有效降低空调、通风、照明等的总能耗，从而实现建筑节能与环保共进的目标。

3.3.2.1　规划布局

项目在规划布局方面充分结合了场地条件，因循自然地形地貌，景观设计融入自然山水。建筑主要朝向南偏西 $2.7°\sim2.9°$，朝向合理，有利于冬季日照并避开冬季主导风向，夏季利于自然通风。建筑通过由低向高退台的形式来模拟山体骨架，同时为主体赋予了库藏、运维、车库等功能；通过设置空腔，使建筑主体与茶田阶梯板分离，主体不受影响；景观通过设置小径、砌筑毛石、客土回填、栽植苗木等手段，并在山体交接处栽植香樟、枫香、乌桕、沙朴、毛竹等原生植物，实现与山体的自然过渡，营造独特的茶田景观；结构结合景观效果，为茶田阶梯板留出足够的荷载来种植苗木；给水排水通过横、竖向，明沟、暗渠相结合的排水系统实现逐层排水等。

海绵城市设计方面，项目采用低影响开发雨水系统，通过下凹式绿地、透水铺装等的设计，对场地进行雨水专项规划设计，合理规划地表与屋面的雨水径流，对场地雨水实施外排总量控制。

项目还采用屋顶绿化技术，通过栽植抗性佳、适应性好的香樟乔木等措施实现浓浓绿意的屋面效果。场地采用乔、灌、草结合的复合绿化，种植区域覆土深度和排水能力满足植物生长需求，改善了区域小气候，缓解了热岛效应。

3.3.2.2　节能技术

暖通节能方面，项目采用高效的空调设备，离心式冷水机组的 COP 值大于6.61，真空热水机组的热效率不低于92%，多联机的综合性能系数 $IPLV(C)$ 大于4.96。输配系统也进行了节能设计，风机、空调箱电机功率≥7.5kW的均采用变频控制，普通机械通风风机单位风量耗功率 WS 值小于 $0.27\mathrm{W}/(\mathrm{m}^3/\mathrm{h})$，新风小于 $0.24\mathrm{W}/(\mathrm{m}^3/\mathrm{h})$，全空气系统小于 $0.3\mathrm{W}/(\mathrm{m}^3/\mathrm{h})$，风机的总效率不低于55%，冷热水泵的效率不低于75%。此外，空调机组设置了电动调节阀和 CO_2 浓度控制器自动调节新回风比例，过渡季节可调节加大新风运行，节约新风处理能耗，降低系统负荷。

电气节能方面，项目变压器选用SCB13型干式变压器，接线方式为Dyn11型节能型变压器，谐波抑制措施基本合理，三相平衡控制合理，变压器深入负荷中心，变配电所低压供电半径不大于150m，变压器容量配置负载率控制85%以内，实现节能效果。主要功能房间照明功率密度值达到《建筑照明设计标准》GB 50034—2013中规定的目标值，走廊、楼梯间、门厅等大空间场所的照明系统采取分区、定时、感应等节能控制措施，有效减少照明能耗。选用配备高效电机及先进控制技术的电梯，且当2台及以上电梯成组设置时，配置具有节能运行模式及群控功能的控制系统，同时自动扶梯具有节能拖动及节能控制功能，最大限度降低电梯能耗。

可再生能源利用方面，项目采用光伏建筑一体化应用技术，建筑部分屋面有采光要求，运用超白玻璃采光顶的光伏采光屋面为室内提供自然采光，在保证室内通透性的同时，运用高效薄膜光伏组件，将部分太阳能转化为电能，减少对外部用电的需求，从而达到节能的目的。

3.3.2.3　节水技术

项目充分利用市政管网压力，地下室至地上一层为市政管网直供区，其余楼层采用变频泵供水。给水分区确保每个分区的最大压力不超过0.45MPa，避免因超压引起的用水浪费，各给水分区低层用水点设减压限流措施，确保用水点处供水压力不大于0.20MPa。给水排水系统选用密闭性能好的阀门、设备，使用耐腐蚀、耐久性能好的管材、管件，水表采用三级计量的方式以减少管网漏损。卫生器具、水嘴、淋浴器等采用符合《节水型生活用水器具》CJ/T 164—2014要求的产品，用水效率等级达到标准规定的2级要求。空调循环冷却水设置水处理装置，冷却塔加大集水盘，避免停泵时冷却水溢流。

在非传统水源利用方面，项目设置了雨水回用系统。屋面雨水及周边道路雨水经室外雨水干管汇集，并经初期弃流排放后，排至地下室蓄水池，蓄水池内的雨水经一体化设备处理后供室外绿化浇灌、道路冲洗和地下室地库冲洗，大大减少了传统水源的使用。整个流程为：雨水收集→初期弃流→雨水蓄水池→机械过滤消毒→清水箱→供给绿化灌溉、道路浇洒等。

3.3.2.4　节材技术

项目采取与主体结构设计使用年限相适应的结构耐久性设计措施，并对地基基础、结构体系、结构构件进行优化设计，同时项目钢筋主要选用HRB400级高强钢筋，采用预拌混凝土、预拌砂浆，实现主体结构节材。

建筑外立面采用了大量的木纹和竹纹两种肌理的清水混凝土，达到良好的装饰效果，建筑墙体采用的纯天然生土制成的夯土墙，不再添加任何其他工程材料，减少了装饰装修材料的使用。

此外，项目大量采用可再循环材料、可再利用建筑材料，其屋面采用铜屋面，铜瓦废弃时回收利用率近100%，对生态环境不构成污染。

3.3.2.5　室内环境控制

对于人员密度较高、流量集中的场所，设置二氧化碳浓度传感器，对室内的二氧化碳浓度进行数据采集、分析，自动调节空调机组新回风比例，采用新风需求控制，有效改善室内空气品质。

地下汽车库通风系统，设置与排风设备联动的一氧化碳浓度监测装置。车库一氧化碳探测器检测车库中的一氧化碳浓度，当车库中的一氧化碳浓度超过预定报警值（设定 $30mg/m^3$），将自动启动风机运行排风，降低车库中的一氧化碳浓度，有效改善地下室空气品质。

3.3.2.6 室外环境优化

风环境和热环境模拟采用数值模拟的方法，采用计算流体动力学（CFD）软件 STREAM，利用该软件在计算机上对建筑物及周边环境建模、计算和统计，并提出合理化建议。整个模拟区域共划分空间网格1287825个，采用结构网格分布，其中建筑所在区域计算网格局部加密。满足重点观测区域要在地面以上第3个网格和更高的网格内的要求。

计算采用《中国建筑热环境分析专用气象数据集》中杭州市的气象参数，见表3-17。

杭州市气象参数 表3-17

典型季节		室外主导风向的平均风速（m/s）	室外主导风向
冬季		2.2	NNW
夏季		2.5	SSW
过渡季	春季	2.51	SSW
	秋季	2.14	NNW

对项目室外风环境与热环境进行模拟分析，模拟分冬季、夏季、过渡季，对建筑周边人行区域的风环境舒适性、自然通风条件、冬季防风进行了分析，得出以下结论：

（1）行人舒适性：通过冬季、夏季、过渡季的室外最多风向的平均风速进行模拟，各季节距地面1.5m平面风速分布矢量图见图3-73～图3-76，本项目周边人行区域的风速绝大部分小于3.6m/s，总体符合行人舒适性要求。

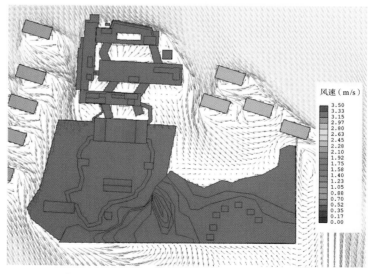

图3-73 冬季距地面1.5m平面风速分布（矢量图）

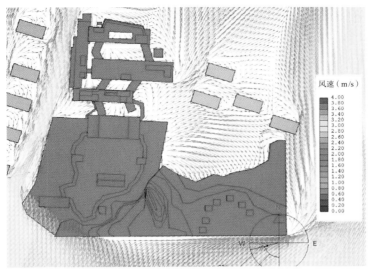

图3-74　夏季距地面1.5m平面风速分布（矢量图）

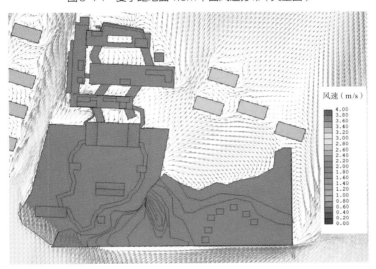

图3-75　过渡季（春季）距地面1.5m平面风速分布（矢量图）

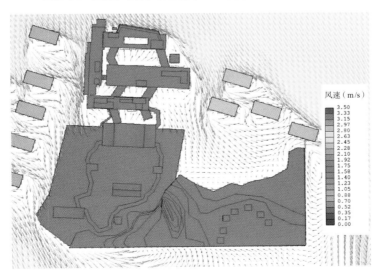

图3-76　过渡季（秋季）距地面1.5m平面风速分布（矢量图）

（2）自然通风：如图3-77～图3-82所示，建筑过渡季迎风面风压在-1～6Pa，背风面风压在-6～-1Pa；夏季迎风面风压为0～6Pa，背风面风压在-7～-1Pa。过渡季及夏季建筑立面风压总体均较为均衡，建筑立面前后压差基本都大于2Pa，有利于实现室内自然通风。

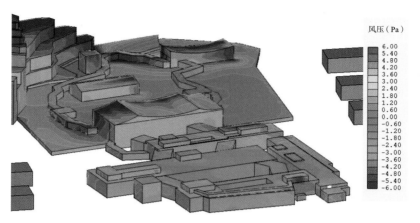

图3-77　过渡季（春季）建筑背风面压力分布

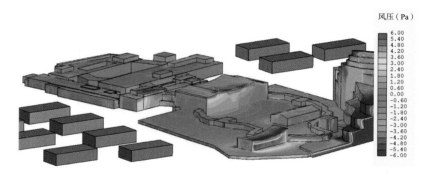

图3-78　过渡季（春季）建筑迎风面压力分布

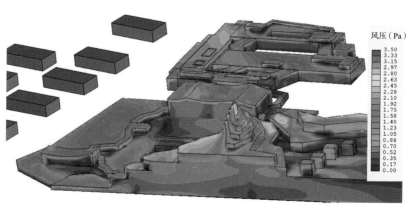

图3-79　过渡季（秋季）建筑背风面压力分布

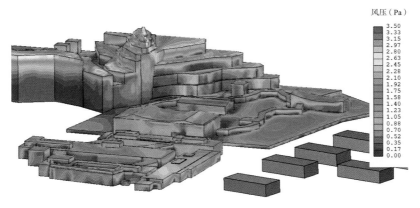

图3-80　过渡季（秋季）建筑迎风面压力分布

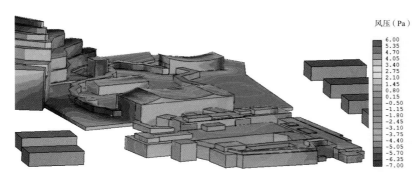

图3-81　夏季建筑背风面压力分布

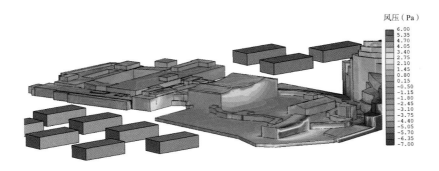

图3-82　夏季建筑迎风面压力分布

（3）冬季防风：如图3-83、图3-84所示，本项目冬季迎风面受到风压直接影响，迎风面压力在-1～5Pa，背风面压力在-5～0Pa。建筑物最大压差约为5Pa，除第一排建筑外，建筑物最大压差满足《居住建筑风环境和热环境设计标准》DB33/1111—2015中"建筑物前后压差在冬季不大于5Pa的要求"。

（4）对周边建筑的影响：如图3-85、图3-86所示，模拟区域内，初始温度为32.3℃，区域内温度平均值33.7℃，平均热岛强度为1.4℃，满足《绿色建筑评价标准》GB/T 50378—2019中热岛强度小于1.5℃的要求。其空调室外机的排热对周边

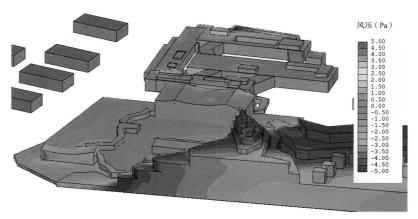

图3-83　冬季建筑背风面压力分布

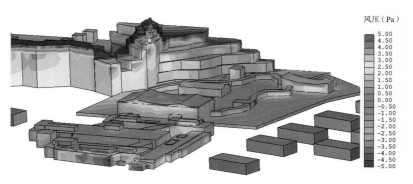

图3-84　冬季建筑迎风面压力分布

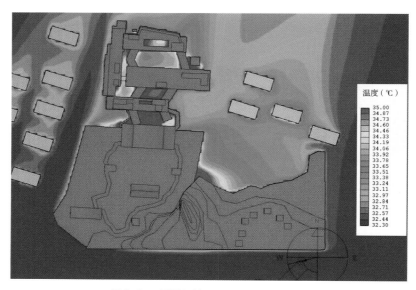

图3-85　夏季距地面1.5m平面温度分布

建筑不形成显著影响。同时建议在图3-86所示红色方框处多种植植物或增加架空层面积，以降低局部热岛效应。

（5）空气污染源垃圾场、地下停车库等未设在涡旋或无风区。冬季、夏季、过渡季平均风速条件下，项目周边风环境状况良好。

传承宋韵　文润东方
中国国家版本馆杭州分馆工程创新与实践

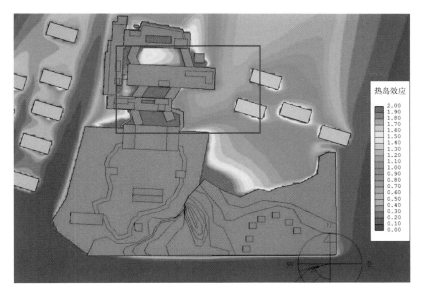

图3-86　距地面1.5m平面热岛强度指标分布图

通过模拟优化设计，本项目实现了良好的室外风环境与热环境，达到调节区块内微气候的目的。

3.3.3　海绵城市设计

3.3.3.1　概况

习近平总书记2013年底在中央城镇化工作会议上指出："要建设自然积存、自然渗透、自然净化的'海绵城市'。"海绵城市建设不仅是新时代生态文明建设的重要抓手，亦是践行"两山"理念的新路径。2021年杭州入选全国系统化区域推进海绵城市建设示范城市。杭州国家版本馆项目海绵城市建设高标准规划设计和高质量施工落地，积极响应了"十四五"规划中"增强城市防洪排涝能力，建设海绵城市、韧性城市"的要求，从水安全、水生态、水环境及水资源等多角度为杭州市系统化区域推进海绵城市建设示范城市提供了优秀的实践案例。

（1）区位条件

项目位于杭州市余杭区良渚街道长命桥村，拟建场地东面靠山，南邻京福线（G104），北侧为良渚港（图3-87），项目占地约10.25ha。

（2）地质条件

项目区域内南部为剥蚀丘陵地貌，北部为冲湖积平原地貌。丘陵区自然坡度一般为15°～20°，最高海拔高程约71.0m，最大高差约60m。山体植被发育，多为灌木、乔木植物，山间沟谷不发育。剥蚀丘陵区山体因石料开采，对原有的自然地形存在较大程度的改造和破坏，形成了多处人工挖方边坡（图3-88）。北部冲湖积平原区地势平坦，现状为停车场或空地，地形起伏很小，地面高程一般为4.41～6.55m。

图3-87 项目区位及范围图

图3-88 项目现场地形地貌实景

（3）降雨条件

杭州市域范围属亚热带季风气候区，降雨量较为丰沛，1981～2020年的年平均降雨量为1439.7mm（图3-89）。降雨量年际变化较大，多年最大年降雨量与多年最小年降雨量比值为2.27∶1；年内降雨量分配亦不均，多年平均汛期4～10月降雨量占全年的73.7%。

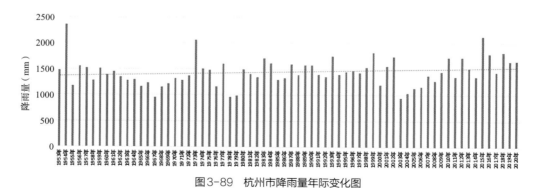

图3-89 杭州市降雨量年际变化图

（4）本底条件

下垫面情况分析：本项目一期占地面积约为86758m²，项目建设后下垫面主要为建筑屋面、硬质铺装、绿地以及绿色屋顶等。实际情况如表3-18所示。

项目面积 （m²）	硬质屋面 （m²）	硬质地面 （m²）	绿地面积 （m²）	绿色屋顶 （m²）	场地综合径流 系数
86758	22439.8	30181.6	25274.4	10221.8	0.564

竖向条件：项目总体地形较为平坦，整体呈南高、北低，东高、西低特点，场地高程范围为4.50～9.90m。

场地排水条件：本项目地下管线包含室外雨水、污水及给水等内容，排水系统较为完善，采用雨污分流模式，雨水均从本项目的东北侧墙角处接入良渚港，整体连通性较好（图3-90）。

图3-90　良渚港现状水环境实景图

3.3.3.2　设计原则和目标

（1）设计原则

项目遵循海绵城市建设的"渗、滞、蓄、净、用、排"六字技术方针以及以下设计原则：

1）科学合理、技术优先：通过合理调整场地标高、引入多元素的海绵设施及构建组合式雨水控制系统等举措科学组织雨水径流。

2）因地制宜、生态优先：最大程度上尊重项目原有生态本底情况，结合实际情况打造优质景观空间，提升整体建设品位。

3）成本控制、经济优先：比选现阶段较为成熟的海绵化设施建设技术方案，选择便于维护及运营管理的方案。

（2）设计依据

1）《浙江省人民政府办公厅关于推进全省海绵城市建设的实施意见》（浙政办发〔2016〕98号）；

2）《杭州市人民政府办公厅关于推进海绵城市建设的实施意见》（杭政办〔2016〕1号）；

3）《杭州市海绵城市低影响开发建设项目管理暂行规定》（杭建科发〔2016〕284号）；

4）《杭州市建设项目海绵城市设计文件编制导则（试行）》（杭建设发〔2020〕116号）；

5）《海绵城市建设技术指南——低影响开发雨水系统构建（试行）》（2014）；

6）《室外排水设计标准》GB 50014—2021；

7）《海绵城市建设评价标准》GB/T 51345—2018；

8）《杭州市海绵城市专项规划》（2017）；

9）《建筑与小区雨水控制及利用工程技术规范》GB 50400—2016；

10）浙江省《城镇防涝规划标准》DB33/1109—2015。

（3）设计目标

根据《杭州市海绵城市专项规划》（2017）及《杭州市建设项目海绵城市设计文件编制导则（试行）》（杭建设发〔2020〕116号）等的相关要求，明确本项目的设计目标如下：

1）水生态：年径流总量控制率≥75%（对应设计降雨为21.1mm）；年径流污染削减率（以悬浮颗粒物SS计）≥60%；综合雨量径流系数≤0.60，并通过自然生态系统、良渚港生态补水（补水能力为100m³/h）和应急水处理系统（内循环处理能力为100m³/h；应急排水能力为200m³/h），实现场地内水生态系统有机循环。

2）水环境：水环境达到地表水环境质量Ⅲ类标准（氨氮≤1.0mg/L，SS≤10mg/L，总磷≤0.2mg/L）。

3）水资源：满足场地道路清洗、绿化浇灌的生态用水需求。

4）水安全：场地雨水管渠设计标准10年一遇（设计降雨量74.5mm/h），内涝防治标准50年一遇（设计降雨量255.8mm/24h）。

海绵城市总体设计思路见图3-91。

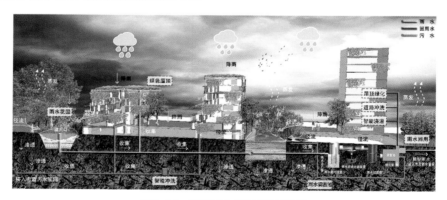

图3-91　海绵城市总体设计思路图

3.3.3.3　海绵城市设计

（1）汇水区域划分

根据竖向、道路坡向及场地实际的排水情况，将项目划分为6个一级排水分区，如图3-92所示。

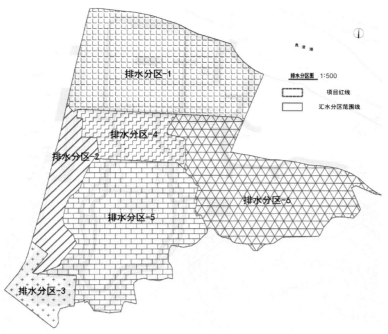

图3-92 汇水区域划分图

（2）工艺流程图

本项目考虑对雨水径流的控制，同时兼顾雨水回用，因地制宜地采用"灰绿结合"的措施达到设计目标。主要的海绵设施包含：绿色屋顶、雨水花园、植草沟、雨水回用系统等，工艺流程如图3-93所示。

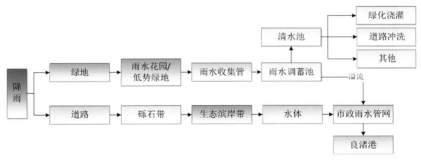

图3-93 工艺流程图

（3）总体设施布局

根据设计径流处理思路，海绵城市设施总体布局如图3-94所示。

（4）节点设施设计

1）雨水花园/低势绿地

充分利用场地的竖向条件，在建筑以及道路周边低洼处建设雨水花园，将地表径流汇流通过盲管、植草沟导排至雨水花园，雨水花园总面积为264m²，低势绿地设施规模为236m²，通过植物、微生物的综合作用，使雨水净化（图3-95）。

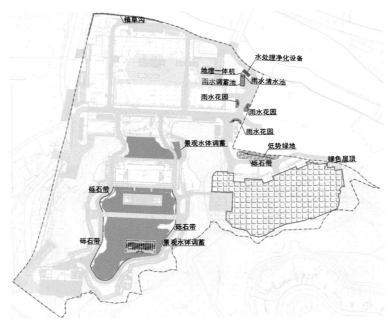

图3-94 海绵城市设施总体布局图

图3-95 雨水花园结构示意图

2）植草沟/砾石带

在道路周边以及雨水花园边界设置植草沟/砾石带，用于截流路面雨水的污染物质，通过植被截流和土壤过滤处理雨水，达到控制径流总量和控制污染物的效果。

3）雨水回用系统

结合场地排水管线的布置情况及排水流向，在场地东北侧设置有钢筋混凝土蓄水池，用于收集储存雨水，经过过滤、消毒等一系列净化措施，可用于场地内绿化浇灌和道路冲洗（图3-96）。根据相关要求，钢筋混凝土蓄水池容积为132.48m³，雨水清水池20m³。

4）水处理净化系统

为保证场地景观水体的水质条件，在传统海绵设施的建设基础上，设置水处理净化设备（图3-97），以强化处理能力。设备的设计规模为补水系统能力为100m³/h，内循环处理能力为100m³/h，景观水系放空能力为200m³/h。通过水生植物及设备

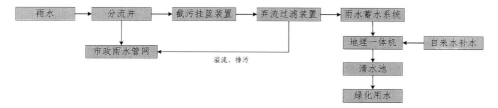

图3-96 雨水回用系统设置原理图

强化的方式，实现总体的设计目标，使得场地内水环境达到地表水环境质量Ⅲ类标准（氨氮≤1.0mg/L，SS≤10mg/L，总磷≤0.2mg/L）的要求，实现近万平方米水面水生态系统有机循环。

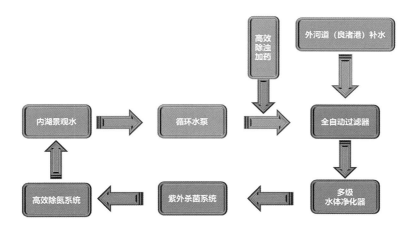

图3-97 水处理净化设备系统原理图

3.3.3.4 建设效果

（1）建成后整体效果和景观水体建设效果见图3-98、图3-99。

图3-98 整体效果图

图3-99 景观水体建设效果

（2）效益分析。

1）生态效益

结合海绵城市建设，通过低影响开发设施，对园区的内涝控制问题、径流污染问题带来明显的改善效果，做到"大雨不内涝，小雨不积水"。针对景观水体的水质保持，采用"生态+物理"的处理方式，即采用水景水生态系统设计及水处理净化设备两道技术屏障，确保景观水景的水质达到相应的标准要求，同时，为发挥雨水资源利用作用，设置雨水回用系统对收集的雨水加以处理后回用到场地内，可节约水资源，使得城市更加可持续发展。

2）社会效益

项目建成后将成为杭州市海绵城市建设系统性较好的展示项目，通过海绵城市建设理念地融入，可以有效降低水安全风险、缓解水环境的压力并提高水资源的利用率等，为场地景观设计提供新元素。

3.3.3.5 项目总结

一是标准引领。浙江省建筑设计研究院海绵城市设计团队水平为省内领先国内知名，参编《海绵城市建设评价标准》GB/T 51345—2018，并为浙江省工程建设标准《海绵城市设计文件编制标准》（在编）和杭州市建委《杭州市建设项目海绵城市设计文件编制导则（试行）》的第一主编，多次获得杭州市海绵办"最佳支持单位"荣誉。本项目以上述标准规范为基础，严格落实高质量海绵城市的设计三部曲：概念性方案设计、初步设计和施工图设计。

二是四水合一。本项目海绵城市设计遵循水安全、水环境、水资源、水生态的四水合一系统化设计原则，在水安全设计、水环境设计、水资源设计、水生态设计方面均达到了设计目标。

三是生态优先。坚持生态优先和"绿灰结合"理念，将自然途径与人工措施有机结合，实现项目场地雨水径流自然渗透净化，减少雨水径流直接外排量，降低地表径流污染负荷，促进雨水资源综合利用，全面提升海绵城市的"渗、滞、蓄、净、用、排"功能，实现了"小雨不湿鞋、大雨不内涝"的总体构想。

四是智慧海绵。结合杭州"数字赋能"建设，依托云端控制平台建设，发挥物联网、云计算、大数据、人工智能等技术的实时感知、辅助决策等功能，形成物联网实时水质在线监测系统、中心指挥控制大数据分析平台、智慧运行控制系统，配备突发性水质调控处理系统，实现了水安全、水环境、水资源、水生态的智慧化实时控制。

3.4
BIM 技术应用

随着"数字中国"和"中国建造"等概念出现，建筑设计数字化也越来越在设计行业发挥突出作用。鉴于杭州国家版本馆项目结构造型复杂、机电专业系统繁多且大面积采用一次浇筑成型等要求，如何改善项目的设计质量已经成为设计所面临的主要问题。BIM 团队辅助设计，借助 BIM 设计可协同、可视化、数字化等优势，打破传统设计方法的瓶颈，可帮助施工图设计团队深化复杂节点、优化竖向净空、确认装饰装修效果等，解决各类问题，提高设计质量，减少施工返工。本项目 BIM 技术专项应用内容主要包括如下内容。

3.4.1 全专业核查设计错漏碰缺

BIM 专业在项目施工图阶段介入，随着施工图的深入优化，整合建筑、结构、给水排水、暖通、电气、装饰、幕墙等多专业图纸，梳理图纸内容，理解设计意图，完成基础建模工作。后续通过对整体模型的把控，发现图纸问题，提出优化建议，及时与设计团队沟通，提高图纸质量。

主馆四区展厅屋面（图 3-100）和夹层底板并非简单规则的单层单坡楼板。为确保所有异形板面各点都在同一平面上，通过三点成面的方法，取用三个点的定位及标高确定板面所在参考平面位置，在此参考平面基础上，完成上层楼板绘制，另向下偏移指定高度生成下层楼板，由此复核其余点位标高，并基于楼板确定所有梁的标高定位。在此过程中因展厅屋面与其余屋面相对关系复杂，近可相交，远则高差可达 1200mm，出现了框架梁与次梁完全脱离或设置的双层梁相互碰撞等多种搭接问题。后续通过与设计多次沟通，基于模型确认相对关系，采取加大梁尺寸和设置双层梁的位置等做法解决了这些问题，并补充了相关复杂节点的做法。

图3-100　主馆四区展厅屋面

展廊某走道装饰净高要求2700mm，原设计机电管线排布方式机电完成面仅有2600mm，通过讨论论证对暖通风系统进行系统优化，调整了机房及管井位置，避免风系统交叉碰撞。

主馆四区展馆室外走廊地面与地下室顶板高差小，扣除地面保护面层后室外管线不允许叠层敷设，原设计管线路由存在碰撞冲突，经过讨论论证优化管线路由，利用管线尺寸高差避让交叉区域（图3-101）。

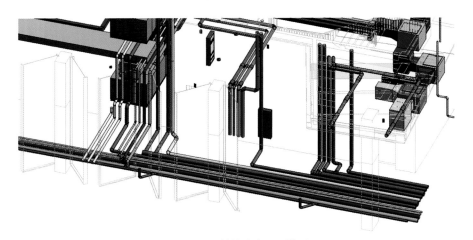

图3-101　管线路由BIM模型

3.4.2　辅助设计优化

主馆一区钢结构屋架随金属屋面曲面设计，金属屋面两处屋脊位置为最高点，但南北纵向最高点的主钢梁并非处于金属屋面屋脊线位置，在钢结构深化过程中因无法确定屋脊线位置钢梁的顶标高，导致钢结构屋架整体曲线无法完美跟随金属屋面且跟结构下方望板冲突。因此，在设计过程中基于金属屋面的曲率和屋脊线通过BIM手段确定屋面屋脊线处的钢梁标高，并将原深化方案屋脊线位置的直梁优化为折梁，以实现钢结构屋架与金属屋面的完美贴合，同时避免了钢梁与望板的碰撞（图3-102～图3-104）。

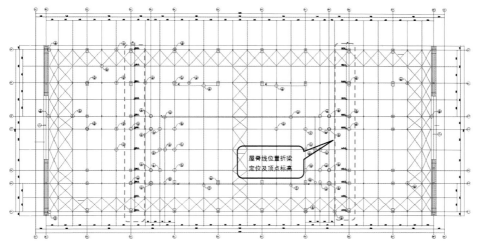

图3-102　BIM出具屋面钢结构折梁定位坐标平面图

图3-103　优化前屋架模型

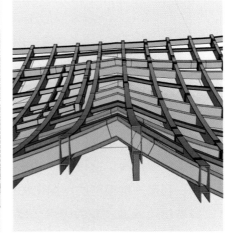

图3-104　优化后屋架模型

　　屋顶层雨水原设计为通过雨水管排放至屋面斜板再自流至雨水沟，考虑到雨季降雨量大，水流声音可能会影响参展人员，经讨论论证优化雨水管立管路由，将雨水直接引至地面雨水沟。

　　主馆四区展廊暖通原设计为地送风模式，风机盘管及空调水管置于空腔夹层，由于空腔结构形式复杂及空间狭小不利于安装及检修，同设计沟通确认后修改为展廊展板外扩风盘，安装在展板内侧（图3-105）。

　　主馆一区的双曲屋面结构及木构吊顶造型，对机电管线摆放安装提出了一定的挑战。原设计风管路由直接埋设套管穿过夯土墙，未充分考虑夯土墙后期沉降带来的影响，不契合主创设计团队的设计理念，且在竣工验收后仍存在一定的安全隐患。通过分析优化，模拟建造，比较不同的施工方案，最终确认采用送回风管线穿夯土墙上方压板钢梁的处理方法（图3-106）。

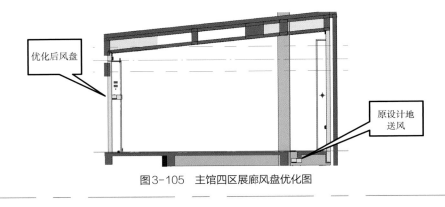

图3-105 主馆四区展廊风盘优化图

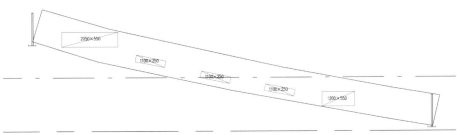

图3-106 主馆一区展厅大堂送回风管线剖面图

3.4.3 可视化沟通

主馆四区展厅是本项目中较大的展厅之一，上方为双层板斜坡屋面混凝土一体浇筑，但因梁板搭接以及楼板相对关系比较复杂，为结构合理难免有些构造会暴露在展厅中。利用三维模型的可视化优势，基于精确完善的模型，可从各个角度生成视点，或导出可漫游浏览的轻量化模型提供给设计团队，多方位预览展厅的效果，以便选择确认设计方案（图3-107）。

图3-107 主馆四区展厅多视点预览

本项目BIM团队在完成土建五大专业的模型后，基于装饰图纸，补充顶棚吊顶、地面铺装，设置水炮、烟感、红外探头、监控探头等设备点位，完善设备装饰内容。提供具有多角度漫游视点的多种方案，以供设计团队确认水炮等设备选型以及安装点位布置（图3-108）。

图3-108　主馆一区大厅点位安装效果

3.4.4　设备机房专项深化

主馆四区暖通空调机房位于异形空腔夹层内，空间关系复杂，夹层设备摆放区域梁底净高仅1500mm，通过三维模型设计验证施工（图3-109～图3-111）。

（1）配合设计，根据工程实际工况计算对设备进行参数复核，根据各系统参数对设备选型进行复核，根据设备的尺寸标高对机房进行规划性初步设计。

（2）根据设备型号优化此区域梁体结构，确保所留空间便于设备清洁、保养和检修。

（3）根据结构模型模拟设备吊装路线，确认设备为现场组装。

（4）根据实际管线的尺寸核算相关技术参数和机电设备的运行噪声，选择适用的消声降噪设备和技术措施。

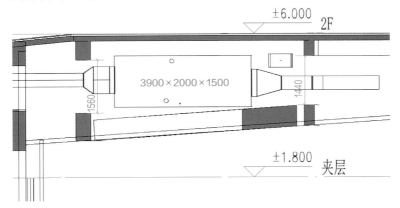

图3-109　空腔夹层机房剖面图

图3-110　空腔夹层机组搬运路线

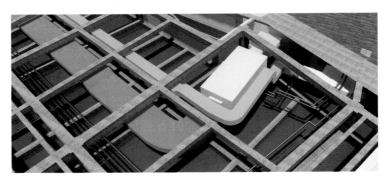

图3-111　空腔夹层机房三维视图

3.4.5　施工放样

主馆二、三、四区涉及艺术肌理清水混凝土浇筑，要求一次成型，无法二次修改，混凝土浇筑面临前所未有的挑战。而依山而建的绕山廊并不在同一水平线，游廊的斜柱更是不同于常规的柱子，其以不同的倾斜角度错落有致地排列，与上方斜板的接触面并非统一的正方形，而是不同的平行四边形，因此本项目对模板的精准定位和尺寸放样提出了更高的要求。

采用BIM技术，利用结构精准建模的优势，调整坡面板与斜柱的剪切关系，提供每根斜柱对应的四点标高和水平投影的定位（图3-112、图3-113），辅助施工单位完成清水混凝土模板展开图。

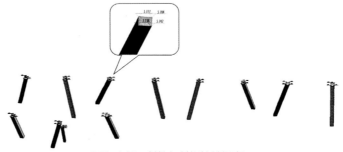

图3-112　斜柱与斜板接触标高

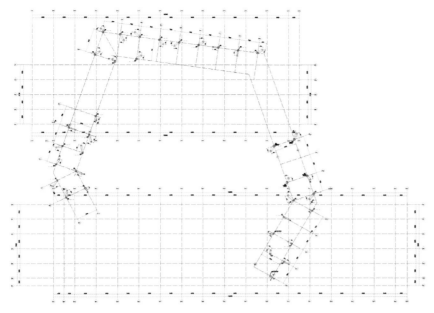

图3-113　斜柱投影图

主馆一区屋面为双曲屋面，屋顶四面的屋檐起翘而高于中间，正脊与檐端也是曲线，同时下方采用了大面积的夯土墙，每一面夯土墙和山墙的顶面与屋架相接处都呈现为不同曲率半径的圆弧。在传统建筑设计模式下，夯土墙和山墙的顶面标高定位都较为困难，因此，拟通过BIM模型辅助确定夯土墙和山墙的标高定位（图3-114）。

夯土墙和山墙的标高取决于金属屋面和钢结构屋架的定位。BIM团队首先根据设计图纸建立准确的钢结构屋架，以钢结构屋架为基准，建立夯土墙和山墙三维模型，最后分解生成每面夯土墙的标高定位图以及山墙的标高定位图，提供给设计施工团队确认。

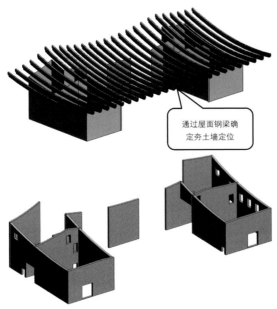

通过屋面钢梁确定夯土墙定位

图3-114　主馆一区夯土墙BIM模型分解

4

材料的
技术赋能

4.1
全系列、全构型的艺术肌理清水混凝土试验与施工实践

清水混凝土、清水模是建筑现代主义的一种表现手法，因其极具装饰效果也称装饰混凝土。清水混凝土特点是混凝土浇筑后，不再进行任何涂装、贴瓷砖、贴石材等装饰，是表现混凝土素颜的手法。

由于清水混凝土不会再有其他装饰用的材料，其对于风雨的抵抗力在于钢筋混凝土保护层，因此在施工阶段要非常细心地管理，发包者、施工者往往对此敬而远之。然而清水混凝土构造具有独特的张力、清洁感、素材感等出色的美学表现，故个性强烈的设计者会特别喜欢它。另外，由于清水混凝土缺少拆除模板后的装修工程，因此在组模的阶段就大致决定了其质量好坏。

宋代注重本真、雅致的审美，追求事物本来的面貌。杭州国家版本馆项目基于宋韵理念建造，采用的建筑材料都是直接展示材料本身的美感，其中清水混凝土质朴的特点尤其适合这种审美，所以建筑上大量采用了清水混凝土作为立面，乃至部分建筑的屋面作为"第五立面"也采用了清水混凝土预制板铺设。不同肌理的清水混凝土犹如主旋律一般贯穿于建筑群各处，展示了本真素雅的宋韵美学。清水混凝土最终效果的成功实现与否，将直接决定建筑效果的成败。混凝土作为常见的一种传统建筑主材，在有了清水艺术肌理要求后，其施工方式方法、工艺标准、材料要求等已经有了质的变化，各方对本项目清水混凝土质量的期望是能从"合格的产品跃升工艺品，乃至艺术品"。

4.1.1 应用概况和特点

杭州国家版本馆项目的清水混凝土一是类别多，总体分为两类，一类是艺术肌理面，应用范围最广，分为木纹和竹纹两种表面效果（图4-1、图4-2），并有现浇和预制两种形式；另一类是光面清水混凝土（图4-3），均为现浇。

二是体量大，清水混凝土总计展开面积近 9 万 m^2（图4-4）。

三是分布范围广，各个建筑单体均有涉及，涉及构件种类多样，包含超高柱、斜柱、劲性柱、超高超厚墙、双墙、密肋梁、井字梁、斜板、双层板、曲面板、楼梯、挑檐、翻边、踢脚、墙裙、栏杆、檐口及车棚、围墙等室外附属构筑物（表4-1）。

图4-1　木纹清水混凝土

图4-2　竹纹清水混凝土

图4-3　光面清水混凝土

图4-4　清水混凝土分布图

清水混凝土具体部位分布表　　　　　　　　　　表4-1

序号	单体	部位	清水样式
1	主馆一区	地下室报告厅及周圈走道墙体	现浇竹纹清水混凝土
		地下室报告厅顶板	现浇木纹清水混凝土
		地上外墙、柱	现浇木纹清水混凝土
		地上内墙	现浇木纹清水混凝土
2	主馆二区	外墙、柱	预制竹纹清水混凝土挂板 现浇木纹清水混凝土
		内墙	现浇竹纹清水混凝土
		出屋面附属结构	现浇木纹清水混凝土
3	主馆三、四区	外墙	预制竹纹清水混凝土挂板 现浇木纹清水混凝土
		内墙（楼梯前室）	现浇竹纹清水混凝土
		出屋面附属结构	现浇木纹清水混凝土
4	主馆五区	内墙	现浇木纹清水混凝土
		屋面	光面清水混凝土

序号	单体	部位	清水样式
5	南大门	外墙	预制竹纹清水混凝土挂板 现浇木纹清水混凝土
		内墙	现浇木纹清水混凝土
		屋面	现浇木纹清水混凝土
6	绕山廊	立柱、顶板	现浇木纹清水混凝土
		挡墙	现浇竹纹清水混凝土
7	展廊	斜柱	现浇木纹清水混凝土
8	大观阁	外墙	现浇竹纹清水混凝土 现浇木纹清水混凝土
		内墙	现浇竹纹清水混凝土
		梁板	现浇竹纹清水混凝土
9	山体库	楼梯间	现浇木纹清水混凝土
10	其他部位	栏杆立柱和横梁	现浇木纹清水混凝土 光面清水混凝土
		夯土墙石敢当	光面清水混凝土
		踢脚线等线条	现浇木纹清水混凝土

四是设计上富有变化，结构形式和标高多样，以主馆三区屋面楼板为例，主控标高至少有8个（图4-5）。

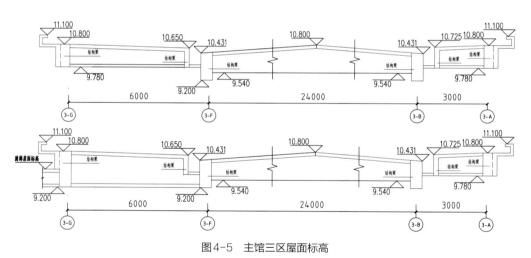

图4-5　主馆三区屋面标高

按照常规判断，如此复杂的一个艺术建筑需要长时间的精雕细琢，无法大量展开工作面平行施工。杭州天目里项目总建筑面积约23万m²，在8年时间长河的打磨下，意大利的Dottor Group聘请100多位意大利技术指导，方将园区内约4万m²的清水混凝土墙体原真呈现，在全球范围内堪称创举。

杭州国家版本馆项目作为开创性宋韵流派的艺术建筑，清水混凝土面积多达9万m²，承载着党中央、省委省政府对文化建设的高要求，工期却仅有566天、不到

1年半的时间。在本项目清水混凝土多类型、多部位、分散型特点条件下，需要投入超常规的管理力量、劳动力、周转材料与机械设备等全面铺开施工，又要做到快中有细，完成传世工程的建设使命。

4.1.2 调研和策划

在与主创设计团队深入沟通交流后，项目建设者们对项目的清水混凝土形成以下认识：一是重点关注的清水混凝土类型为木纹和竹纹；二是建设方对本工程有着特殊的定位，肩负着政治和历史使命；三是主创设计团队对混凝土艺术的探索和追求。为了更好地攻克艺术肌理清水混凝土施工的难题，管理团队先是"走出去"，先后观摩国内多个知名清水混凝土建筑，包括杭州天目里项目、国家行政学院、富阳博物馆、钱江新城指挥部二期等（图4-6～图4-9）。

图4-6 杭州天目里项目

图4-7 国家行政学院

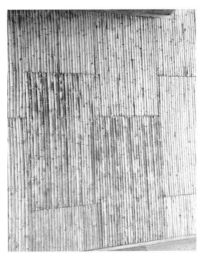

图4-8 富阳博物馆

图4-9 钱江新城指挥部二期

在汲取了同类项目的建设经验，深入分析项目特点、标准和定位，与建设方、主创设计、施工图设计、专业班组等进行了深入交流后，各方明确了清水混凝土的质量标准，要求是在常规同类清水混凝土工艺和效果的基础上做进一步的提升，更好地匹配本工程作为艺术建筑的定位，并对要首先进行的试验试样提出了标准。

（1）木纹肌理要求

木纹肌理要求：色调偏深，偏自然，纹理不能非常深刻。

肌理尺寸要求：木纹宽度80mm、100mm、120mm试拼，由主创设计团队寻找设计灵感。

主创设计团队提供的试样排板要求见图4-10。

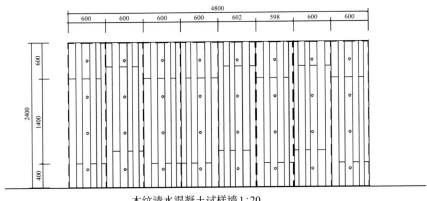

木纹清水混凝土试样墙1:20

注：用80mm，100mm，120mm三种宽度规格的木板条拼成600mm宽的两个标准单元A和B，按图排列形成2400mm×4800mm×200mm的试样墙，每个单元用不同品种不同纹路深度的木材进行试样，单张模板尺寸暂定为：1200mm×2400mm，一张模板可以做三个单元。

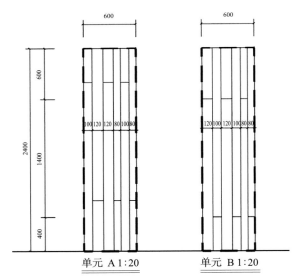

图4-10　木纹清水混凝土试样排板要求

主创设计团队提供木纹清水混凝土纹理、颜色要求，见图4-11。

总体来说，主创设计团队对于木纹肌理的要求较为写意化：色调偏深，偏自然，纹理不能非常深刻；无明显凹凸，按近乎于镜面展现，但仍须体现板缝；不

图4-11 木纹清水混凝土纹理、颜色要求

同木纹宽度自然混合使用。除此之外无具体量化要求或细化标准，强调艺术感受，无可对标案例，需通过反复试验来敲定最终的呈现效果。

（2）竹纹肌理要求

1）竹纹选用直径100～150mm范围内不同规格的原竹，一剖四分解试拼，由主创设计团队寻找设计灵感。其提供的试样排板要求见图4-12。

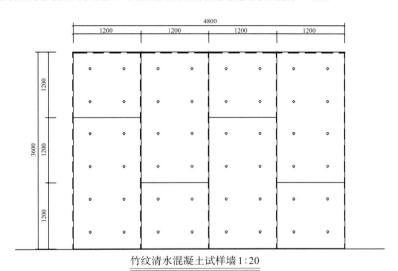

竹纹清水混凝土试样墙1:20

注：选用直径100～150mm范围内不同规格的原竹，对其进行一剖四的分解后，按相同规格放置一个模板单元或不同规格混放一个模板单元的方式进行试样浇筑，单张模板尺寸暂定为：1200mm×2400mm，注意竖向模板之间的接缝。

图4-12 竹纹清水混凝土试样排板要求

2）根据主创设计团队提供的对标要求，调研各项目竹纹清水混凝土情况（图4-13、图4-14），学习竹纹清水混凝土做法。

（3）安装面板要求

清水混凝土上机电安装面板按主创设计团队要求，均需预留凹槽，安装完成后与混凝土面齐平（图4-15）。

（4）清水收边要求

竹纹清水混凝土边界处需设置光面收边（图4-16）。

图4-13　国家行政学院

图4-14　富阳博物馆

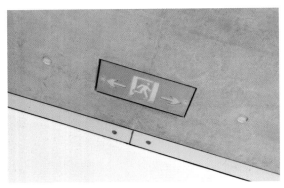
图4-15　末端设备安装方式

图4-16　竹纹清水混凝土边界处光面收边

4.1.3　试验和试样

　　清水混凝土成型效果的关键影响因素有以下几个方面：分区分块、混凝土材料、模板材料、支模体系、浇捣控制。而通过试验试样就是要确定其中三项因素：

混凝土材料、模板材料、支模体系，同时也为分区分块和浇捣控制提供基础数据。

（1）木纹模板选样制作

作为木纹清水混凝土模板体系，选择合适的树种纹理是关键因素，在这个问题上主创设计团队认为常见的木纹材料樟子松纹路过深，成型效果不符合要求，之后确定采用橡木板作为面板材料进行试验。在面板的纹路方面，确定了采取直纹为主，山纹为辅的拼装方式（图4-17、图4-18）。

图4-17　山纹板　　　　　　　　　　图4-18　直纹板

木纹模板选样制作工序见图4-19。

（2）竹纹模板选样制作

项目初期走访考察各知名建筑竹纹肌理混凝土墙成型效果，通过一系列相关试验试样工作，确认竹片选材要求。毛竹选自"中国第一竹乡"浙江安吉，工作人员亲自上山，精心挑选符合要求的竹子，人工砍伐后对枝叶进行修剪。运输过程中，采用人工背运下山、人工装车、人工卸车等方式，以防竹子外表面纹理受损伤。毛竹运至场地后，进一步筛选，对符合要求的毛竹进行取段，进一步修平修直处理。

竹片处理完成后先制作915mm×1830mm的清水模板，在模板上参照样板拼装竹片。竹纹模板制作完成并清理后涂隔离剂。竹纹模板选样制作工序见图4-20。

（3）模板加固体系

加固体系选择了较为成熟的方圆剪力墙加固体系，标准件为单双层嵌套结构，可配合墙面自由搭配，将斜铁打入接口处销孔即可完成固定，十分简便，常规混凝土3m高墙体只需要3道加固件，清水混凝土可根据试验情况加密，总体节省钢管及穿墙丝的使用数量，特别是阴阳角位置采用灵活的插接方法，使加固流程更简单，效率更高，而且墙体阴阳角成型尺寸和效果更加美观标准。现场加固效果见图4-21。

①木纹板拼装　　　　　　　　②木纹板压平处理

③玻璃胶加固　　　　　　　　④螺杆孔预留

⑤二边阴角处理　　　　　　　⑥三边阴角处理

图4-19　木纹模板选样制作工序图

①竹片修整　　　　②气钉枪固定

③玻璃胶处理　　　④竹纹收边处理　　　⑤带走边的竹纹大模板

图4-20　竹纹模板选样制作工序图

图4-21 现场加固效果

（4）清水混凝土原材料和配合比

项目清水混凝土为常见强度，耐久性为100年。混凝土配合比设计主要是通过优选原材料和配合比（图4-22），调配出符合主创设计团队期待色质感的混凝土配合比。混凝土呈现的颜色具有一定的随机性，需设计不同材料用量的组合，通过小样和大样试制方能确定，因此该工艺与模板试验同步实施。在胶凝材料上，选用52.5级普通硅酸盐水泥，并固定品牌及产线，以保持清水混凝土的色泽统一；在骨料上，严格控制粗骨料、细骨料含泥量；在外加剂上，选用清水混凝土专用高效减水剂，并结合试样表面质量情况，确定品种参数。

①原材料精确称料　　②搅拌制作　　③坍落度测试

图4-22 清水混凝土配合比优选工序图

（5）小样试验结果

清水试验试样工作贯彻循序渐进原则，按试验阶段可分为小样阶段和大样阶段，小样阶段目标为明确呈现效果的要素并优化提高工艺能力，按试验内容可分为混凝土配合比试验及模板体系试验；大样阶段是对模板、钢筋、混凝土成套工艺的检验，模拟真实的浇筑运输环境，进一步发现问题、完善细节并进行巩固完善。本阶段试验试样是一个周期较长的工作，项目于2020年9月5日开展清水混凝土试样工作，安排4名装修木工专项负责实施，2021年1月15日完成，期间进行了20轮51组设计试样试验，其中木纹试样32组、竹纹试样19组，木/竹纹的颜色、纹理宽度、表面工整度均按主创设计团队的要求不断进行调整，除此外，还进行了3组1:1实体样板墙试验，清水混凝土各项要素及效果展现方得到稳定，试样的表面肌理、成型效果满足设计要求。试样实施清单见表4-2，经过试验得到认可的木纹和竹纹试样见图4-23、图4-24。

试样实施清单 表4-2

编号	尺寸（mm）	纹理	浇筑时间	拆模时间
1#试样	600×600	木纹（樟子松）	2020.9.14浇筑	24h拆模
2#试样	600×600	木纹（橡木）	2020.9.14浇筑	48h拆模
3#试样	600×600	木纹（橡木）	2020.9.14浇筑	48h拆模
4#试样	600×600	木纹（橡木）	2020.9.14浇筑	48h拆模
5#试样	900×900	竹纹（直径8～10cm等宽）	2020.9.21浇筑	24h拆模
6#试样	600×600	木纹（橡木/樟子松）	2020.9.21浇筑	24h拆模
7#试样	600×600	木纹（橡木）	2020.9.21浇筑	24h拆模
8#试样	600×600	木纹（橡木/光面）	2020.9.22浇筑	26h拆模
9#试样	600×600	木纹（橡木/樟子松）	2020.9.22浇筑	36h拆模
10#试样	600×600	木纹（橡木/樟子松）	2020.9.22浇筑	36h拆模
11#试样	1220×1220	竹纹（直径10～15cm，正面不等宽，背面等宽）	2020.9.22浇筑	72h拆模
12#试样	600×600	木纹（橡木）	2020.9.22浇筑	26h拆模
13#试样	600×600	木纹（橡木）	2020.9.25浇筑	24h拆模
14#试样	600×600	木纹（橡木）	2020.9.25浇筑	48h拆模
15#试样	600×600	木纹（橡木）	2020.9.25浇筑	48h拆模
16#试样	600×600	木纹（橡木）	2020.9.25浇筑	48h拆模
17#试样	1220×1220	木纹（橡木）	2020.10.2浇筑	48h拆模
18#试样	1220×1220	木纹（樟子松）	2020.10.2浇筑	48h拆模
19#试样	1220×1220	竹纹（乱排）	2020.10.2浇筑	48h拆模
20#试样	600×600	木纹（橡木）	2020.10.2浇筑	24h拆模
21#试样	1220×1220	木纹（橡木）	2020.10.9浇筑	48h拆模
22#试样	1220×1220	木纹（橡木）	2020.10.9浇筑	48h拆模
23#试样	1220×1220	竹纹（3～5cm不等宽/等宽）	2020.10.9浇筑	48h拆模
24#试样	1220×1220	木纹（橡木）	2020.10.27浇筑	48h拆模
25#试样	1220×1220	竹纹（3～5cm）	2020.10.27浇筑	48h拆模
26#试样	1220×1220	木纹（橡木）	2020.10.27浇筑	48h拆模
27#试样	1220×1220	木纹（橡木）	2020.10.29浇筑	48h拆模
28#试样	1220×1220	竹纹（4.8～5cm）	2020.10.29浇筑	48h拆模
29#试样	900×900	木纹（橡木）	2020.11.2浇筑	48h拆模
30#试样	900×900	竹纹（4～5cm）	2020.11.2浇筑	48h拆模

编号	尺寸（mm）	纹理	浇筑时间	拆模时间
31#试样	1220×1220	木纹（橡木）	2020.11.6浇筑	48h拆模
32#试样	1220×1220	竹纹（4.8～5cm）	2020.11.6浇筑	48h拆模
33#试样	1220×1220	木纹（橡木）	2020.11.9浇筑	48h拆模
34#试样	1220×1220	竹纹（3.5～5cm）	2020.11.9浇筑	48h拆模
35#试样	1220×1220	木纹（橡木）	2020.11.12浇筑	48h拆模
36#试样	1220×1220	竹纹（3.5～5cm）	2020.11.12浇筑	48h拆模
37#试样	1220×1220	木纹（橡木）	2020.11.16浇筑	48h拆模
38#试样	1220×1220	竹纹（3.5～5cm）	2020.11.16浇筑	48h拆模
39#试样	1220×1220	木纹（橡木）	2020.11.20浇筑	48h拆模
40#试样	1220×1220	竹纹（3.5～5cm）	2020.11.20浇筑	48h拆模
41#试样	1220×1220	木纹（橡木）	2020.11.20浇筑	48h拆模
42#试样	1220×1220	木纹（橡木）	2020.11.27浇筑	48h拆模
43#试样	1220×1220	木纹（橡木）	2020.11.27浇筑	48h拆模
44#试样	1220×1220	木纹（橡木）	2020.12.1浇筑	48h拆模
45#试样	1220×1220	竹纹（3.5～5cm）	2020.12.1浇筑	48h拆模
46#试样	1220×1220	木纹（橡木）	2020.12.11浇筑	48h拆模
47#试样	1220×1220	竹纹（3.5～5cm）	2020.12.11浇筑	48h拆模
48#试样	1220×1220	木纹（单面多层板、单面橡木）	2020.12.27浇筑	48h拆模
49#试样	1220×930	木纹（橡木）	2021.1.14浇筑	72h拆模
50#试样	1220×950	木纹（多层板）	2021.1.15浇筑	72h拆模
51#试样	1220×950	木纹（多层板）	2021.1.15浇筑	72h拆模

图4-23　得到认可的17#木纹试样

图4-24　得到认可的30#竹纹试样

（6）大样试验结果

3组1:1实样试验为2组木纹1组竹纹，无明显错台或凹凸肌理。试样墙一平面呈L形，正立面长度4800mm+1200mm，高度2440mm，厚度200mm（图4-25、图4-26）；墙底设900mm×250mm基础；墙体配筋ϕ10@200mm双排双向，拉筋ϕ6@600mm×600mm；基础配筋ϕ10@200mm双向。试样墙二平面呈一字形，正立面长度3660mm，高度2440mm，厚度240mm；墙底设900mm×250mm基础。

图4-25　试样墙一正面

图4-26　试样墙一背面

传承宋韵　文润东方
中国国家版本馆杭州分馆工程创新与实践

竹纹试样墙正、背四个面设为竹纹面（图4-27）。试样墙平面呈L形，正立面长度3630mm+1100mm，高度2745mm，厚度200mm；墙底设900mm×250mm基础；配筋：墙体配筋φ10@200mm双排双向，拉筋φ6@600mm×600mm；基础配筋φ10@200mm双向。

图4-27 竹纹试样墙

实样工作进一步验证了模板工艺、浇捣方式等控制因素，并调整粗细骨料的相对密度，取得了各方认可的建筑效果（图4-28、图4-29）。

图4-28 局部放大图　　　　　　　图4-29 精选直纹正面

（7）机电设备预埋施工技术确定

清水试验试样阶段，同步进行机电预埋（留）模具、模具打样，完成作业人员的操作培训，将各专业、各工种工序间的磨合，形成工艺、工序控制程序。样板做法和控制程序经建设、监理、总包单位确认，固化样板工艺做法，用于指导后续现场施工。

根据结构板上灯具、烟感、喇叭、喷头等的安装方式，试制确定适配的预埋套筒（木制方形盒、亚克力圆形盒）、预埋构件，以适应结构面安装条件和结构观感一致性。具体预埋构件形式、试验试样确认和设备安装效果如图4-30所示。

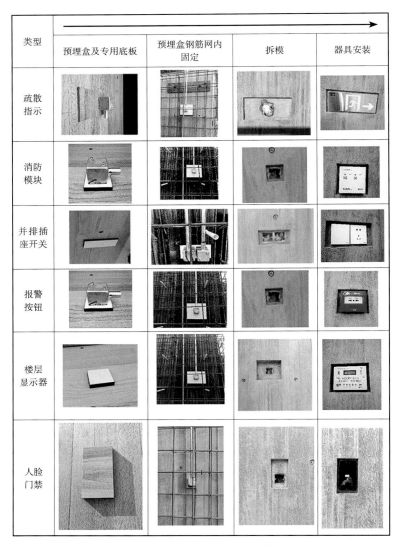

类型	预埋盒及专用底板	预埋盒钢筋网内固定	拆模	器具安装
疏散指示				
消防模块				
并排插座开关				
报警按钮				
楼层显示器				
人脸门禁				

图4-30 各类型机电预埋工艺

4.1.4 标准工艺研究

在清水混凝土实际施工过程中，工程将工序管理按施工部位（检验批）分为基础工序和特征工序。基础工序主控总体施工作业方式，依托以往工程施工经验和本项目样板引路的成果，合理制定作业方式。特征工序主要指工程中难点和超常规的施工部位、分项工程。

例如在清水混凝土柱的工艺制定上，施工方先制定了木纹清水混凝土柱的标准工艺流程，见图4-31。

图4-31 木纹清水混凝土柱的标准工艺流程图

传承宋韵　文润东方
中国国家版本馆杭州分馆工程创新与实践

再制定清水混凝土施工标准实施方案，见表4-3。

清水混凝土施工标准实施方案　　　　　　　　　　　　　表4-3

准备工作

一、轴线放样

1.针对所有清水结构轮廓线，需将500mm控制线一并完成。

2.对所有轮廓线进行校核

二、预留钢筋纠偏

1.结构轮廓放线完成后，钢筋班组立即对偏位钢筋进行纠偏处理，针对偏位较大的与项目技术部门确认调整方案后执行。

2.柱保护层35mm，以最外层钢筋（包括箍筋、构造筋、分布筋等）的外缘计算混凝土保护层厚度，调直需考虑保护层控制。

3.底口设踢脚线，需考虑踢脚线深度影响，踢脚线工艺详见细部节点工艺

三、基底找平

1.测量原结构面标高误差，统计高差数据。

2.确定找平高度。

3.结构面修整找平，误差 ±1mm。

4.找平范围为，结构外侧150mm（模板支设），内侧15mm（确保二次放线）。

5.找平完成后及时完成二次放线工作。

6.找平方式分植筋支模浇筑找平、砌砖浇筑找平、直接找平三种，根据柱实际情况选用。模板基底找平形式见下图。

模板基底找平形式

7.基底找平留设一处清扫口，用于浇筑前模板冲洗等清洁排污，浇筑初封闭

四、排板图绘制

1.安装预埋涉及清水混凝土的内容必须全部绘制在清水展开图中，不得遗漏。

2.若安装面板相关内容变更或调整，第一时间联系项目技术质量科。

3.提供的安装洞口和面板必须正确无误。

4.木工排板时尽可能考虑避开安装、幕墙、钢结构单位的预留预埋内容，无法避开内容及时沟通。

5.待设计确认后进行肌理面板拼装工作。

具体流程见下图

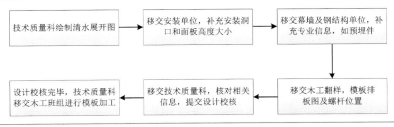

模板工程

一、模板配置原则

1.清水混凝土模板深化设计须首先了解设计师的设计意图，根据设计意图及图纸要求进行模板专项设计，满足清水混凝土的外形尺寸、构造和拼缝装饰效果的要求。

2.要求模板拼缝位置与混凝土装饰凹槽面线和谐，禅缝、明缝线条清晰美观、横平竖直、规则有序。模板布置原则是按标准尺寸从每个施工段的墙体中间分别向两边均匀排布，余量留在每个区相邻的伸缩缝位置处。对拉螺栓孔整体上横竖成排、间距均匀、排列有序。

3.模板排板应考虑预留洞口位置，做到模板拼缝与洞口位置和谐统一；预埋件、预留洞芯应与模板固定牢固，贴合严密。

4.模板设计要保证模板结构构造合理，强度、刚度满足要求，牢固稳定，拼缝严密，规格尺寸合理准确，便于组装和支拆

二、模板体系

模板体系选用方木+专用方圆扣，木纹清水混凝土背板采用1220mm×2440mm清水模板；竖肋选用通长80mm×60mm方木，竖向排列，间距300mm；外侧及阴阳角横背楞选用方圆专用墙固件，竖向间距原则为600mm

三、模板加工与制作

1.模板组装部件的加工

（1）面板的选择及加工

选料：为保证清水混凝土的饰面特征，加工时要注意面板是否平整、有无破损，夹板有无空隙、扭曲，边口是否整洁，厚度、形状等是否符合要求。

下料：模板的深化设计需根据模板周转使用部位和建筑设计要求出具完整的加工图、现场安装图，每块模板要进行设计编号。

模板的裁切采用MJ6132C精密裁板锯进行套裁，保证裁切部位平直、不崩边。

所有在胶合板上新分割或开孔的地方都要进行封边处理，以防止水的渗入而影响面板的平整度。下料成型的面板不允许出现破损现象，并摆放整齐，有利于下一步工序的进行。

研缝：为保证模板高度尺寸，防止漏浆，满足清水饰面分隔线的尺寸要求，切割后的模板需进行研缝精加工，加工高度比设计尺寸小0.3mm，研缝成型后刷清漆防潮并堆放整齐。

（2）模板龙骨的加工

竖向背楞采用80mm×60mm方木，须对方木尺寸进行复核筛选，不均匀处做适当刨平处理，确保达到标准规格，保证模板骨架的平整度、强度、刚度要求。

2.模板组装总成

为提高模板拼接精度，避免现场拼装影响平整度，模板需在加工车间预拼装完成，再整体进行挂设。橡木板条采用密拼处理方式，拼缝打胶。

3.模板加工注意事项

（1）模板拼装请勿遗漏一些细部节点，如踢脚线、安装面板等，安装面板模板安装前，安装单位必须安排专人现场确认。

（2）模板拼装过程中需在加工场地搭设防护棚。

（3）模板拼装完成的板块需做好防雨措施，加盖雨棚。

（4）安装面板钻孔等工序尽可能在涂模板隔离剂前，同时做好木屑清理工作

四、模板的安装与拆除

（1）施工准备

①施工放线；

②纵筋绑扎完毕，柱模内杂物清理干净，办理隐蔽检查记录；

③模板相应配件的安装及操作架的搭设；

④柱模定位塑料套管设置、预埋线管、线盒安装、幕墙预埋件检查；

⑤复核模板控制线、砂浆找平层。

（2）柱模安装

①根据模板施工放线和模板编号，将准备好的模板吊装入位；

②调整柱模的截面尺寸，用方圆扣将四片柱模锁紧；

③调整模板的垂直度，紧固模板夹具和对拉螺栓；

④将柱模支架固定好，并加设斜向支撑。

⑤清水模板吊装过程中，钢筋工设专人跟踪，配合协作木工作业。

⑥加固后立即对模板根部进行封堵作业，确保混凝土浇捣时已具备一定强度。

（3）柱模拆除

①当混凝土强度达到3.0MPa之后，开始拆除模板，具体时间依据气候条件，温度适宜情况下24h，冬季寒冷情况下72h；

②先将柱模连接用的模板夹具和对拉螺栓松开；

③调节柱模支架的可调丝杆和侧向钢管顶撑，使柱模与混凝土面分离；

④将柱模吊到地面，清灰、涂刷隔离剂，以备周转。

（4）现场使用要点

模板使用过程中控制技术措施应注意以下方面：

①模板入位前，在成型的钢筋骨架上临时固定木方或三夹板，避免清水模板入位时被钢筋划伤。

②模板入位时，应避免模板随意打转，尤其在接近钢筋骨架或操作平台上部时，应有可靠的牵引措施，避免模板受到撞击。

③混凝土振捣时，尽量避免在禅缝处直接振捣。

④拆除模板时，先将模板同柱面完全脱离，放入2根长木方临时固定后方可起吊，避免模板在提升过程中接触混凝土表面而留下痕迹，影响观感质量

钢筋工程

一、原材料要求

1.进场钢筋必须具备出厂质量证明书，每捆钢筋有标牌。

2.对进场钢筋按相关规范的要求进行见证取样，经复试合格后再使用。

3.进场的钢筋和加工好的钢筋，根据钢筋的牌号分类堆放在枕木或材料架上，以避免污垢或泥土的污染，严禁随意堆放。

4.钢筋绑扎材料选用20～22号无锈绑扎钢丝

二、钢筋翻样

翻样时必须考虑钢筋的叠放位置和穿插顺序，考虑钢筋的占位避让关系以确定加工尺寸。应重点考虑钢筋接头形式、接头位置、搭接长度、锚固长度等对钢筋绑扎影响的控制点。通长钢筋应考虑端头弯头方向控制，以保证钢筋总长度及钢筋位置准确

三、钢筋绑扎

1.框架柱钢筋的绑扎

框架柱的竖向钢筋采用直螺纹连接或焊接，其接头应相互错开，同一截面的接头数量不大于50%，在绑扎柱的箍筋时，其开口应交错布置。柱筋的位置必须准确，箍筋加密的范围应符合设计要求。

2.纵向受力钢筋的混凝土保护层最小厚度见下表。

纵向受力钢筋的混凝土保护层最小厚度（mm）

部位	保护层最小厚度
板、墙、壳	25
梁	35
柱	35

注：钢筋的混凝土保护层厚度为钢筋外边缘至混凝土表面的距离。

3.螺杆洞水平方向由木工负责在地上标记记号。

4.竖向钢筋依据模板图中标高，钢筋工绑扎前做好定位工作。

5.钢筋横平竖直，不偏不倚，墙柱施工完成后测量垂直度，及时校准。

6.清水墙柱需使用与模板接触面积较小的优质塑料保护垫块，优先选用灰色。

7.安装单位预留位置要在钢筋上做好标识

四、控制钢筋偏位措施

钢筋绑扎完后，由于固定措施不到位，在浇完混凝土后往往容易出现钢筋偏位、保护层厚度不够等现象，须在以下部位采取相应的办法：

1.柱钢筋均采用塑料环圈，见下图。

塑料环圈

2.为保证柱纵筋断面和相互间距准确，将柱上、下二排箍筋与柱纵筋点焊好；为控制好保护层厚度，采用塑料环圈垫块，角筋沿柱高方向间距500mm，其余部位间距500mm（梅花形布置）；为防止箍筋滑落，箍筋与柱角筋的绑扎采用套扣

五、成品保护

1.钢筋半成品经检查验收合格后，按规格、品种及使用要求顺序，分类挂牌堆放；存放的环境应干燥，延缓钢筋锈蚀，避免因钢筋浮锈影响清水混凝土表面效果。
2.严禁攀爬柱、墙箍筋；埋管、线盒时，严禁任意敲打和隔断结构钢筋。
3.浇筑混凝土时，派专人检查混凝土浇筑过程中钢筋、预埋件以及钢筋保护层的限位卡，发现偏位及时校正。
4.混凝土浇筑完毕后，必须及时清理墙、柱钢筋表面的混凝土

六、预留预埋施工

1.不允许采用焊接形式，若必须焊接，必须在清水模板吊装前完成。
2.预留预埋施工，钢筋班组、安装单位、钢构单位、幕墙单位四个单位必须紧密联系，若现场存在碰撞等情况，需汇报楼栋负责人或技术员，统一协调处理。
3.施工需考虑清水模板加固，不得影响下道工序作业。
4.钢结构、幕墙埋件需刷漆防锈，提早施工，确保安装前已经干固

混凝土工程

一、混凝土浇筑

1.混凝土浇筑前准备
（1）清水混凝土不能剔凿，各种预埋件必须一次到位，在清水混凝土浇筑前对预埋件的数量、部位、固定情况进行仔细检查，确认无误后方可进行混凝土浇筑。
（2）混凝土浇筑前及浇筑过程中派专人对钢筋、模板、支撑系统进行检查，一旦移位、变形或者松动要马上修复，对钢筋重要节点应采取加固措施。
（3）对浇筑混凝土所用的机具设备（对钢筋较密处预备好φ35振捣棒）、脚手架和马道等的布置及支设情况需进行检查，合格后方可使用。
（4）混凝土在浇筑前应清理模板，墙体根部的木屑等杂物必须通过清扫口处理干净，保证模板内清洁、无积水。
（5）为防止漏浆，应先将模板下口用海绵条封堵密实，并用砂浆封堵模板根部。
（6）关注天气预报，了解停电、停水安排，若停电、停水无法避开时，提前做好准备。在不良天气施工应做好防雨措施，准备足够的防雨布，遮盖工作面，防止雨水对新浇混凝土的冲刷。

（7）浇筑混凝土前，提前通知商品混凝土厂家，要求提供配合比和原材检测报告；每批混凝土进场，项目部安排人员按规定要求取样制作试块。

（8）混凝土卸料前，搅拌运输车快速旋转搅拌20s以上。

2.混凝土浇筑

（1）浇筑混凝土时，分层下料、分层振捣，每层混凝土浇筑厚度严格控制在50cm以内。

（2）浇筑落差较大时，为防止混凝土对钢筋骨架、模板造成较大冲击，在布料管上接一软管伸到模板内，保持下料高度不超过2m。在布料过程中，布料设备出口不能直冲钢筋骨架，不得在同一处连续布料，应在2～3m范围内水平移动布料，且垂直于模板。

（3）混凝土浇筑时，要经常观察模板、支架、钢筋的情况，当发现有变形、移位时，应立即停止浇筑，并在浇筑的混凝土初凝前修整完后连续浇筑混凝土。

3.混凝土振捣

（1）本工程所有清水混凝土墙、柱、梁采用 ϕ35、ϕ50插入式振动棒振捣。清水顶板采用平板振动机。

（2）混凝土振捣点应从中间开始向边缘分布，且布点均匀、层层搭扣，振动棒应做到"快插慢拔"，并宜将振动棒上下略微抽动，使混凝土中的气泡充分上浮消散，使混凝土振动均匀、密实。

（3）振动棒移动间距为50cm，遇有梁柱节点或钢筋较密时，振动棒移动间距可控制在30cm左右，同时用 ϕ35振动棒振捣。为使上下层混凝土结合成均匀密实的整体，上层混凝土振捣要在下层混凝土初凝之前进行，并要求振动棒插入下层混凝土50～100mm。

（4）每一振动点的振动时间控制在20～30s，以混凝土表面不再下沉、无气泡逸出为止。

（5）振捣过程中，配合小锤轻敲模板外侧面，便于模板接触面气泡逸出。

（6）在模板上标记预埋盒所在区域，不得直接在此区域布料，通过振捣将周边混凝土挤向此区域。此区域振捣适当延长3～5s，同时针对性用小锤轻敲模板。

（7）浇筑过程中，振动棒避免触碰模板、钢筋

二、混凝土养护

1.自初凝之前就对混凝土开始养护，并且保证相同的成熟度，避免由此产生成品混凝土表面色差。

2.严控拆模时间，具体时间依据气候条件，温度适宜情况下72h，夏季炎热情况下48h，必须保证拆模后墙体不掉角、不起皮。

3.当混凝土达到指定强度后，及时松动两侧模板，离缝3～5mm，在墙体顶部架设喷淋管，喷淋养护，使水分通过混凝土和模板的间隙渗入混凝土中。待拆模后，在混凝土表面再洒一道水，用塑料薄膜包裹，边角接槎部位要严密并压实，养护时间不少于14d。

4.混凝土表面严禁使用草帘或草袋覆盖，以免造成永久黄颜色污染，拆模后利用原模板重新覆盖至原封模位置，同时确保与混凝土结构留有一点空隙。

柱混凝土养护见下图

柱混凝土养护

4.1.5 特殊工艺研究

在完成标准工艺制定后，施工方对标准工艺无法适应或覆盖的特殊点进行研究，例如在清水混凝土柱方面，还有以下几类特殊的清水混凝土柱，见表4-4。

特殊清水混凝土柱　　　　　　　　　　　　　　表4-4

序号	技术特征	定义	案例
1	超大截面	长边尺寸达到1m，为大截面柱	主馆二区 2-10×A轴 KZ4，600mm×1200mm
2	超高	柱净高大于等于6m的框架柱为超高柱	主馆一区 1-5×1-B轴 KZ3，净高高度11.111m
3	斜柱	柱与楼地面角度不是90°	主馆二区 2L-C×2L-3轴斜柱，斜度61.27°（柱与楼地面间的锐角角度）
4	劲性柱	钢筋混凝土柱内嵌型钢	主馆二区 2-8×E轴 KZ3
5	含钢牛腿	柱内一定高度设有钢牛腿	主馆三区 3-5×3-G轴 KZ1

部分柱子可能同时包含多种技术特征，如主馆二区 2-8×E轴 KZ3 清水混凝土柱同时具有超大截面、超高、劲性柱、含钢牛腿4个技术特征。

针对以上情况，再单独制定专项工序，解决方案如下：

（1）超高柱（表4-5）

清水混凝土超高柱解决方案　　　　　　　　　　表4-5

模板工程			
1	单片模板长度长	二次搬运难度大，起吊点加固需要加密	
		现场吊装难度大、吊运困难，需要至少5人协同作业	
2	下部方圆扣间距加密	普通清水墙方圆扣间距50cm，超高墙采用30cm间距（下部1/2高度范围）	

3	顶撑侧向加固体系	上下左右间距1.5m一道	

钢筋工程			
1	人工搬运	超高墙垂直方向施工跨度大，材料吊运至墙边后需人工二次搬运	
2	高处作业绑扎	高处作业操作平台分段搭设与拆除	
3	单侧绑扎	为保护清水模板，工序工艺上仅能采用单侧墙模板先吊装，墙筋绑扎仅能单侧施工，内侧钢筋水平筋需3倍人工	

混凝土工程			
1	下料高度高	溜槽/串筒下料，防止混凝土拌合物向下倾落时高度过大导致离析	
2	皮榔头+平头电钻辅助振捣加密	皮榔头柱周侧面模板上辅助振捣，平头电钻方木上辅助振捣	 

（2）超大截面柱（表4-6）

清水混凝土超大截面柱解决方案　　　　　　　　表4-6

模板工程			
1	模板阳角方木背楞加强，两侧各增加一根	方木排布	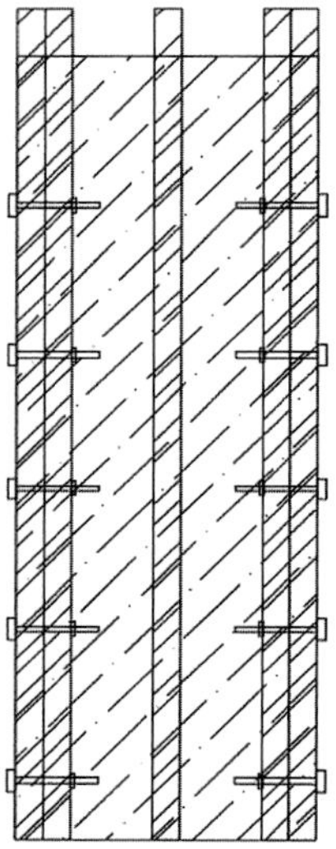
		钢钉固定	
		双排方木间距70cm一道螺栓固定	

2	方圆扣加密	普通清水柱方圆扣间距40cm，超大截面柱采用25cm底部1/3范围间距	
3	长向大于等于1500mm设置清水混凝土专用对拉螺栓	对拉螺杆排布参照清水混凝土墙设置	
4	顶撑侧向加固体系	利用承重架进行顶撑，垂直间距1.5m一道	

钢筋工程			
1		Φ14主筋6根临时固定	
2	加工制作额外振动棒通道	Φ12箍筋200mm间距焊接	
3		焊接/绑扎于柱钢筋上（数量4根）	

混凝土工程		
1	振捣点加密	同时布置2个及以上振捣点，振动棒间距不大于50cm
2	皮榔头+平头电钻辅助振捣加密	皮榔头柱周侧面模板上辅助振捣，平头电钻方木上辅助振捣

（3）斜柱（表4-7）

斜柱总体施工工艺：测量定位→搭设支撑架→绑扎柱筋、隐检→支设斜柱模板（局部盘扣支撑架拆除，斜柱模板安装后复原）→检查模板标高、倾斜度及垂直度→浇筑斜柱混凝土→拆模养护。

清水混凝土斜柱解决方案 表4-7

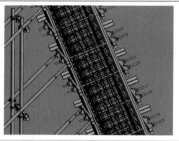

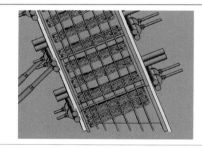

箍筋由下往上绑扎，箍筋弯头应沿柱子竖向交叉布置，绑扣尾应弯入柱内，绑扎后箍筋与主筋要垂直	柱底清理。模板柱箍48.3mm双钢管间距每250mm一道，对拉螺杆φ12@250mm×250mm

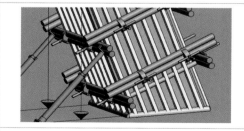

斜柱锐角侧均设独立斜撑，支撑在楼面或支撑架上	为防止柱脚、柱顶的施工缝处拼缝漏浆，在模板与邻段柱混凝土间用薄海绵条堵严

清水混凝土斜柱细部工艺见表4-8。

清水混凝土斜柱细部工艺 表4-8

		模板工程	
1	模板安装	非90°柱侧的盘扣架拆除	
		非90°柱侧模板吊装	
		模板吊装后复原拆除的盘扣架	
2	专用加固体系	间距25cm一道两根主楞对拉，角度大于40°时采用三根主楞对拉	
3	顶撑侧向加固体系	30°、45°、60°各设顶撑一道（实际角度根据现场条件微调），反向顶于承重架上或者地坪上	
		钢筋工程	
1	主筋连接施工难度大	需至少2人操作完成，主筋斜度控制需单根拉线控制	
2	钢筋绑扎施工难度大	箍筋原材料需人工传递搬运，套箍筋需从柱中套，绑扎于主筋呈90°角	

3	加工制作额外振动棒通道	Φ14主筋6根临时固定	
		Φ12箍筋200mm间距焊接	
		焊接/绑扎于柱钢筋上（数量1根）	
混凝土工程			
1	防止混凝土拌合物离析	采用人工铁锹下料，减速浇捣	
		采用直径为120mm的钢管作为串筒将混凝土灌入柱底	
2	皮榔头+平头电钻辅助振捣加密	皮榔头柱周侧面模板上辅助振捣，平头电钻方木上辅助振捣	

传承宋韵　文润东方
中国国家版本馆杭州分馆工程创新与实践

（4）劲性柱（表4-9）

清水混凝土劲性柱解决方案 表4-9

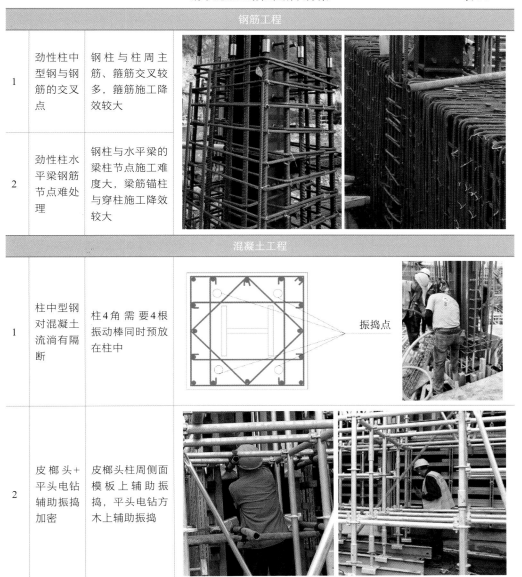

			钢筋工程	
1	劲性柱中型钢与钢筋的交叉点	钢柱与柱周主筋、箍筋交叉较多，箍筋施工降效较大		
2	劲性柱水平梁钢筋节点难处理	钢柱与水平梁的梁柱节点施工难度大，梁筋锚柱与穿柱施工降效较大		
			混凝土工程	
1	柱中型钢对混凝土流淌有隔断	柱4角需要4根振动棒同时预放在柱中		振捣点
2	皮榔头＋平头电钻辅助振捣加密	皮榔头柱周侧面模板上辅助振捣，平头电钻方木上辅助振捣		

（5）含有钢牛腿（表4-10）

清水混凝土钢牛腿解决方案 表4-10

			模板工程
1	分段施工	因青瓷屏扇设有钢牛腿，设计导致必须分段施工，为避免施工缝影响美观，制作安装骑口缝线条	
2	钢牛腿底部芯模	利用钢筋与网片制作芯模钢筋笼 混凝土浇筑至大致牛腿底标高时放置芯模并复核标高进行固定	
3	钢牛腿安装后的拼缝处理	钢牛腿安装后外露部位与木模板拼缝处理，以免漏浆	

			钢筋工程

| | | 牛腿底钢筋标高按单根钢筋严格控制，现场放样复核 | 12#　柱KZ3　底标高-3.2m，顶标高11.4m封头，层高14.6m |

级别、直径	钢筋简图	下料（mm）	根数×件数	总根数	质量（kg）
Φ25	6000　7650 300	6000 7900	10	10	535.15
Φ25	6000　6650 300	6000 6900	10	10	496.65
Φ14	350 1130	3570	145	145	626.36
Φ14	350 1130	3210	145	145	563.19
Φ14	530	810	290	290	284.23

（牛腿底钢筋的精准度控制 — 行标题 1）

| 2 | 钢牛腿与钢筋的交叉点 | 钢牛腿与柱周主筋、箍筋交叉较多，箍筋施工降效较大 | |

传承宋韵　文润东方
中国国家版本馆杭州分馆工程创新与实践

		混凝土工程	
1	芯模内灌浆料施工	灌浆料搅拌	 
		从顶部插入注浆导管进行灌浆施工	
2	芯模处理	芯模钢筋网凿除	
3	牛腿角振捣	钢牛腿安装后角部空间小，采用ϕ35小型振动棒及其他措施辅助振捣	 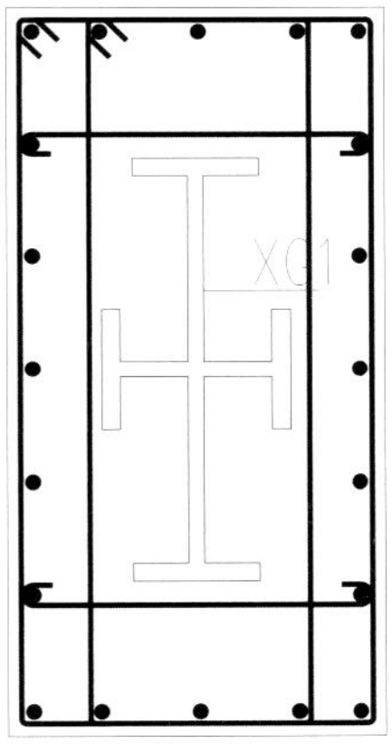

4.1.6 实施情况总结

通过充分的技术筹备、方案策划、过程管控，杭州国家版本馆项目清水混凝土的实施取得了各方瞩目的成功，混凝土实体内坚外美，表面细腻典雅，艺术肌理纹路自然，细部节点全面受控，分缝策划合理美观，结构尺寸精准（图4-32～图4-37）。混凝土工程实施全过程未出现重大缺陷，冷缝、麻面、明显色差等常见混凝土质量问题得到了极好的控制。项目清水混凝土的实施效果必将成为行业内清水混凝土建筑的又一个标杆工程，带领该项技术进一步创新发展。

图4-32　绕山廊廊道

图4-33　绕山廊墙屋面角

图4-34　大观阁

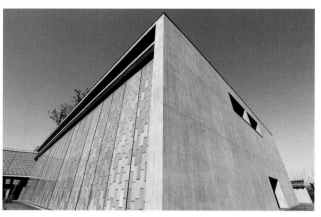

图4-35　主馆三区（一）

图4-36　主馆三区（二）

图4-37　主馆五区

4.2
龙泉青瓷干挂板饰面的电动屏扇制作安装技术创新与实践

4.2.1　应用概况和特点

　　杭州国家版本馆主馆一～四区、南大门、绕山廊外立面大量设置了青瓷屏扇，共计251樘，是主创设计团队的一大创新，以宋代屏风为原型，创造性地将非物质文化遗产——龙泉青瓷与现代金属门架、机械传动结合，构成建筑外立面宋韵的主要表达元素。其设计灵感来源于宋代屏风，通过设置屏扇在建筑上形成类似于屏风的活动空间。青瓷屏扇主要应用于建筑檐廊外侧，非全封闭设计，故其定位是作为一种装饰外立面。

　　青瓷屏扇由两个重点工艺和材料组成，分别是作为门体装饰主材的青瓷板，以及电动门体钢框架。青瓷屏扇分布情况见图4-38。青瓷屏扇主要规格见表4-11，相关图片见图4-39、图4-40。

图4-38　青瓷屏扇（实线）、青瓷片（虚线）分布情况

青瓷屏扇主要规格情况表　　　　　　　　　　　　　　表4-11

部位	形态	尺寸
主馆一区	中轴+平移	宽2.475m，高9.6m
	中轴	宽2.475m，高9.6m
主馆二区	中轴	宽2.7m，高9.6m
主馆三区	中轴+平移	宽2.1m，高10.4m
	中轴	宽2.1m，高10.4m

部位	形态	尺寸
主馆四区	中轴	宽2.1m，高10.4m
南大门	中轴+平移	宽2.1m，高7.2m
	中轴	宽2.1m，高7.2m
绕山廊	中轴	宽1.8m，高6.4m

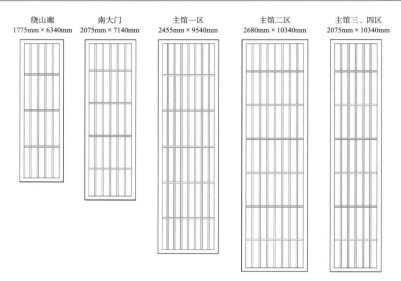

绕山廊
1775mm×6340mm

南大门
2075mm×7140mm

主馆一区
2455mm×9540mm

主馆二区
2680mm×10340mm

主馆三、四区
2075mm×10340mm

图4-39　主创设计团队提供的各区门体尺寸

图4-40　主馆一区青瓷屏扇立面模型

4.2.2　青瓷板的选择与施工

（1）青瓷板的选择

青瓷是中国陶瓷烧制工艺的珍品，是一种表面施有青色釉的瓷器。青瓷色调的形成，主要是胎釉中含有一定量的氧化铁，在还原焰气氛中焙烧所致。但有些青瓷因含铁不纯，还原气氛不充足，色调便呈现黄色或黄褐色。青瓷以瓷质细腻、线条明快流畅、造型端庄浑朴、色泽纯洁而斑斓著称于世。

龙泉窑是中国历史上的一个名窑，宋代六大窑系之一，因其主要产区在浙江省龙泉市而得名。它开创于三国两晋，结束于清代，生产瓷器的历史长达1600多年，是中国制瓷历史上最长的一个瓷窑系，它的产品畅销于亚洲、非洲、欧洲的许多国家和地区，影响十分深远。龙泉窑以烧制青瓷而闻名，在北宋早期以前的产品风格受越窑、瓯窑、婺州窑的影响，特征与三窑的产品相似。胎质较粗，胎体较厚，釉色淡青，釉层稍薄。2020年5月14日，青瓷入选"浙江文化印记"。南宋是龙泉窑发展的成熟时期，当时的龙泉窑生产了大量精美绝伦的瓷制品，梅子青便是其杰出的青釉品种（图4-41）。

　　项目主创设计团队选用的材料便是龙泉青瓷梅子青。在立面超大门体上采用干挂青瓷板（图4-42）替代常规金属、石材类装饰材料，开创了中国传统工艺材料创新应用的先河。

图4-41　龙泉窑梅子青工艺品　　　　　　　图4-42　青瓷板成品

　　对青瓷选样主创设计团队提供3种组合（图4-43），每个组合4个色系，一共12种颜色。尺寸主要分为两种，大的用在青瓷屏扇上，小的用在山体库、水阁、观景阁中，但大的瓷片就有7种不一样的规格，主要尺寸为780mm×290mm。

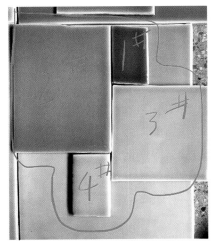

图4-43　三组色样组合

（2）青瓷板设计与施工工艺

青瓷板厚度为10mm，主要规格为290mm×780mm。考虑抗裂与安全，青瓷板背部设1mm玻璃纤维布，采用环氧树脂胶粘结。瓷片由龙泉青瓷行业协会内知名企业负责生产，多名中国工艺美术大师和浙江省工艺美术大师参与了技术攻关，基本解决了人工制作材料尺寸不统一、平板烧制容易翘曲变形、正面+四边封釉等一系列问题（图4-44、图4-45），并形成了材料验收标准（表4-12）。

图4-44　板块易碎　　　　　　　　　　　　　图4-45　板面易翘曲

青瓷板外观质量检验表　　　　　　　　　　　　　　　　　　表4-12

序号	缺陷名称	规定内容	质量要求
1	裂纹	正面、背面和边缘、侧面或两面有可见裂纹	不允许
2	正面边磕碰、缺棱	长度≤10mm，宽度≤1mm（长度＜5mm，宽度＜1mm不计）。沿周边，每米长允许个数（个）	不允许
3	正面角磕碰、缺角	沿瓷板正面边长，长度≤5mm，宽度≤2mm（长度＜3mm，宽度＜1mm不计）。每块板允许个数（个）	不允许
4	釉裂、釉面龟裂	釉面上不规则如头发丝的细微裂纹	整体不超过10%
5	釉面针孔	釉面上的针状小孔	目视不可见
6	气泡	小气泡或烧结时释放气体后的破口泡	目视不可见
7	桔釉	釉面有明显可见的非人为结晶，光泽较差	不允许
8	釉下缺陷	被釉覆盖的缺点	目视不可见
9	缺釉	釉面局部无釉（局部施釉板除外）	不允许
10	不平整、窝坑	瓷板正面非人为的凹坑（毛面板、亚光板除外）	目视不可见
11	斑点	瓷板正面非人为的异色污点，或局部漏磨、漏抛光而呈现的斑点、斑块	目视不可见
12	毛边	瓷板正面边缘非人为的不平整	在边直度的允许偏差范围

在青瓷板安装工艺上，青瓷板面层采用离缝设计，考虑到雨水对钢架锈蚀、风鸣等影响，青瓷板与钢架间设整体金属背板。青瓷板安装采用定制的铜扣件，铜扣件通过螺栓固定于屏扇龙骨上。青瓷板下部铜扣件托住青瓷板，通过橡胶条填充缝隙，上部铜扣件主要对青瓷板进行平面外约束，同样采用橡胶条填充缝隙。青瓷板与上部铜扣件设2mm离缝空间，以免青瓷板受挤压破裂。青瓷板安装节点见图4-46，干挂青瓷板试样见图4-47。

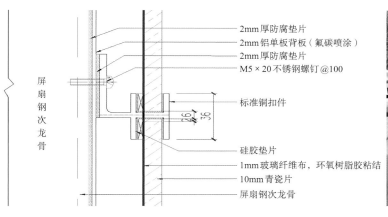

图4-46 青瓷板安装节点图　　　　　　图4-47 干挂青瓷板试样

2mm厚防腐垫片
2mm铝单板背板（氟碳喷涂）
2mm厚防腐垫片
M5×20不锈钢螺钉@100
标准铜扣件
硅胶垫片
1mm玻璃纤维布，环氧树脂胶粘结
10mm青瓷片
屏扇钢次龙骨

屏扇钢次龙骨

基于最不利条件，对采用上述安装方式的青瓷板进行安全性验算（图4-48、图4-49），结论为瓷板强度满足要求，瓷板挠度满足要求；铜扣件采用螺栓与屏扇龙骨连接，经计算符合要求。

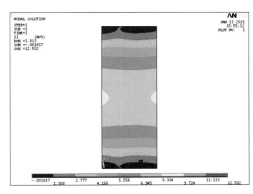

图4-48 青瓷板应力云图

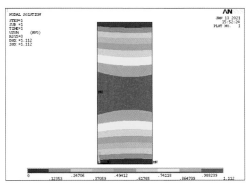

图4-49 青瓷板位移云图

4.2.3 屏扇钢架和传动机构设计与施工

屏扇钢架和传动机构的设计是摆在建设各方面前的又一个难题。由于以往工程建设领域极少见同类功能用途的机构。经过多次调研、专家讨论，考虑在依托建筑用旋转门的基础上，参考舞台机构相近设备的工作原理，设计平移功能。

最终定型的艺术屏扇设备不同于普通的机械设备，它是一套系统设备的总成。从外观上看，它的外形庞大，没有统一的标准；从结构上看，它由框架构件和轨道往复运动部件组成；从功能上看，它能满足中轴+平移需要；从控制上看，它能达到目前世界较先进的数字+人机对话智能控制功能。艺术屏扇设备的制作大致可分为两个阶段：厂家的生产制造及著名品牌电器机械组装合成阶段，以及现场的安装调试试运行阶段。

青瓷屏扇主要由以下各部分组成：屏扇主体钢架、箱形梁、青瓷板、铜扣件及铜包边、机电系统。青瓷屏扇通过箱形梁实现吊挂安装，箱形梁则支承于预埋在混凝土结构中的钢牛腿上，机电系统的相关设备均安装铺设于上侧箱形梁空腔内，屏扇主体表面由铜挂件、青瓷板、铜包边进行装饰。相关图片见图4-50～图4-54。

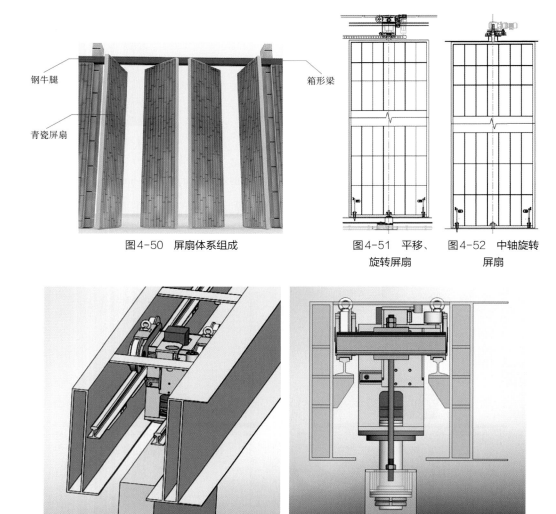

图4-50 屏扇体系组成　　　　图4-51 平移、　图4-52 中轴旋转
　　　　　　　　　　　　　　　　旋转屏扇　　　　　屏扇

图4-53 行走驱动上侧模型

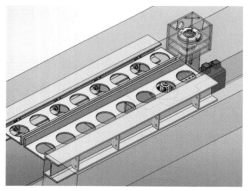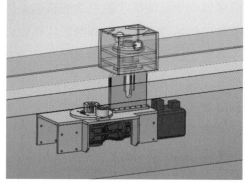

图4-54 行走驱动下侧模型

鉴于相关工艺技术的独特性、唯一性，及主创设计团队对于艺术效果的极高要求，在各专业设计要素确定并经安全性验算后，选取具有代表性的三类六樘青瓷屏扇进行1:1实体样板制作（图4-55），以验证工艺可行性及机械耐久性。通过大丰STACON SIL3控制系统，机械振动控制较好。根据现场体验与数据监测，门扇在旋转、平移过程中，机械装置产生噪声可忽略不计。门扇启动前、启动后缝隙尺寸经测量保持不变，可保证门扇能够顺利开启、关闭。青瓷屏扇整体效果、系统运转、机械定位、噪声等均达到预期效果。

图4-55　青瓷屏扇1:1实体试样

最终青瓷屏扇传动机构参数如下：

行走速度：0.005～0.05m/s，30s行走至预定位置。旋转速度：1r/min，20s内可旋转90°。屏扇完成展开状态到通道状态变换需约1min。屏扇可正反旋转180°，避免同方向连续旋转，防止线路损坏。行走定位精度：齿轮齿条配合驱动，定位误差±3mm。旋转定位精度：齿轮配合驱动，线定位误差±3mm。全展开定位：电动限位杆定位，可抗外部100kg风压。半展开/合拢定位：电机止动器锁定限位，100kg推力，门无法转动。

为了确保安全，青瓷屏扇设置了应急关闭按钮（图4-56）和光感应防撞防夹装置。

图4-56　应急关闭按钮

青瓷屏扇总体施工可分为四个步骤：牛腿施工→钢箱梁施工→屏扇钢架施工→青瓷片安装、包铜，见图4-57。

①牛腿施工　②钢箱梁施工

③屏扇钢架施工　④青瓷片安装、包铜

图4-57　青瓷屏扇施工工序图

4.2.4　实施情况总结

青瓷屏扇作为一种创新工艺，在材料和结构设计上面临了诸多挑战，依托浙江龙泉青瓷高超的制作技艺和多轮次攻关，杭州国家版本馆项目首先创建了建筑装饰用青瓷板验收标准，其次通过借鉴舞台机构的设计、多轮实物样板的制作调试，确定了门体和传动机构体系，并最终确保了本项目的实施效果（图4-58～图4-61）。

图4-58　南大门青瓷屏扇

图4-59 主馆一区青瓷屏扇

图4-60 主馆三区青瓷屏扇

图4-61 山体库数字馆青瓷片墙

4 材料的技术赋能

4.3
超高超大生土夯土墙材料和工艺试验研究与实践

除了清水混凝土以外，夯土墙也是直接表现材料本身质感的创新做法。夯土墙（Rammed earth wall）指用夯土方法修筑的墙，其在中国的应用有着悠久的历史（图4-62、图4-63），唐长安的皇城、宫墙均为夯土墙，城内的里坊也用夯土墙分隔，到了北宋夯土技术又有进步。北宋李诫编修的《营造法式》一书中就系统总结了当时夯土版筑技术的成就。其中规定"筑墙之制，每墙厚三尺，则高九尺，其上斜收，比厚减半；若高增三尺，则厚加一尺，减亦如之"。福建土楼把中国传统的夯土施工技术推向了顶峰。

图4-62　敦煌锁阳城城墙遗址（唐代）　　　　　图4-63　福建土楼-集庆楼等（明代）

4.3.1　应用概况和特点

杭州国家版本馆项目夯土墙位于主馆一区、主馆五区（图4-64～图4-66），总方量约2400m³。

主馆一区夯土墙厚为600mm，单层最大高度为12.2m，分层最大高度18.589m。主馆五区夯土墙厚为600mm、750mm，最大高度为6m。基础及石敢当均为清水结构，夯土墙内设置钢骨架以及分缝钢板。

项目夯土墙采用生土夯筑，主要材料为土、砂、石三种，未掺和水泥、石灰、矿渣、石膏等化学改性材料。对一堵夯土墙的微观分析发现，其粘结剂是水和黏土，其中黏土是最小的颗粒，在湿润状态下，颗粒间水膜的引力呈现为粘结力，将黏土颗粒粘结，并有序排列起来。通过显微镜观察可知，适合建房的黏土是扁平片

传承宋韵　文润东方
中国国家版本馆杭州分馆工程创新与实践

图4-64 夯土墙分布图

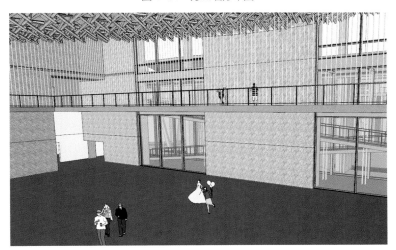

图4-65 主馆一区夯土墙SU模型

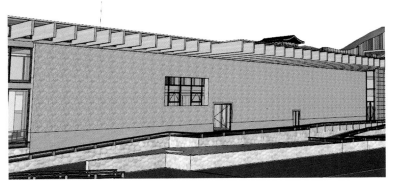

图4-66 主馆五区夯土墙SU模型

状颗粒，完全异于土壤其他组成成分。由于黏土的层片状结构增大了与水接触的表面积，因此增加了粘结性，能够有效充当夯土的粘结剂，与生土的其他颗粒一起粘结成整体，夯土可谓天然混凝土。因此选择合适的生土土源十分关键。

主馆一区是项目的核心建筑，主馆一区直夯到顶的夯土墙最大高度达到了12.2m，与结构楼板结合夯筑最大高度达到了18.589m，这种高度在建筑中应用较少，尤其是生土夯土墙。因此需选择合理的构造体系，在保障夯土效果的同时，确保结构的安全性和耐久性。

主馆一区、主馆五区夯土墙分布模型图见图4-67、图4-68。

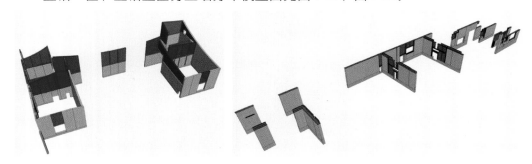

图4-67　主馆一区夯土墙分布模型图　　　　　图4-68　主馆五区夯土墙分布模型图
（红色为非一次夯筑到顶的夯土墙）　　　　　　（红色为非一次夯筑到顶的夯土墙）

夯土墙属于小众工艺，相关规范和标准较少，目前部分研究成果已被纳入一些颁布的技术法规中，但对于夯土墙建筑却缺乏具体的标准，以含水率为例，针对不同地区土质的不同，标准中对含水率的规定也不能够统一，而需要根据当地实际情况来确定最佳含水率。《青海省改性夯土墙房屋技术导则》DB63/T 1687—2018在材料、构造措施、施工要求、质量检验等方面作出了规定，《四川省农村现代夯土建筑技术标准》DBJ51/T123—2019地方标准对农村夯土建筑作出了规定，但均与项目匹配度较差，仅能参考。因此需要建立适合的工艺标准和验收标准。

根据总体工期安排，夯土施工工期紧张，并时值冬季，如何应对冬季气温影响和合理安排每版夯土墙的施工节奏、流水、间隙是需要重点研究解决的难点。

4.3.2　前期准备和策划

（1）调研考察

与清水混凝土的情况相同，夯土墙施工前，管理团队先进行了同类工程的参观考察学习（图4-69），学习了富阳三馆等建筑的建造经验，与中国美术学院建筑艺术实验中心可持续建造实验室的专家进行了深入交流，确定了工程建设标准。

（2）原材选定

在原材料控制方面，作为生土夯土墙，黏土是其中最重要的一个环节。对于选土问题，以中国美术学院建筑艺术实验中心可持续建造实验室制定的材料标准为基础，结合各方意见，达成了共识：一是取样地点尽量靠近建设地；二是取样数量满足评价要求，并且能满足项目建设所需；三是取样部位一般要深入地表1m；四

传承宋韵　文润东方
中国国家版本馆杭州分馆工程创新与实践

图4-69　类似工程夯土墙实例

是土样不含植被等有机物，应尽量避免含有大量石灰质和无黏性沙土。经过实验室分析鉴定、设计认可后确定备选土样。

据此原则，建设者们在杭州周边地区进行了大范围搜寻，先后考察了富阳区、西湖区等十余处地区，共收集土样十余种，历时6个月，于2020年3月份确定最终土样（图4-70、图4-71）。

图4-70　土样照片

图4-71　土源地实景

（3）夯土墙构造设计

在工艺和做法方面，确定了通过分缝钢板对高大夯土墙进行分隔，减少竖向裂缝的发生，分缝钢板可增加侧向刚度，兼作竖向龙骨，并根据墙体高度增设非外露龙骨柱（图4-72、图4-73）。龙骨均为竖向，水平方向由于夯土自身沉降变形持续时间长，因此不进行设置，避免拉裂夯土墙。夯土墙需"穿靴戴帽"，在窗洞、墙顶等部位设置钢板窗台、压顶，底部设置清水混凝土翻边基础（图4-74）。钢柱与清水混凝土底座采用化学锚栓连接，以更好地控制外露分缝钢板精度。

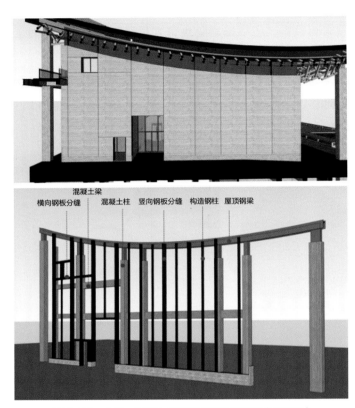

图4-72　主馆一区夯土墙模型与钢龙骨模型（西立面）

图4-73　分缝钢板

图4-74 "穿靴戴帽"案例

（4）试验试样

在试样墙施工后，选定于主馆五区5-B轴×2～3轴的夯土墙作为实体样板（图4-75、图4-76），于2020年9月底完成施工。实体样板经主创设计团队与各方现场确认符合设计效果要求，随后大面展开施工。

图4-75 现场试样

图4-76 实体样板墙

（5）标准确定

在标准研究制定方面，分为两阶段，首先是结合已有的同类标准、工程实例，其次是咨询相关行业专家，制定了初步的《夯土墙专项工程施工验收标准》，验收标准分为总则、术语、基本规定、材料、施工、验收六个篇章（图4-77）。

结合工程实际情况和专家意见，夯土墙检验批划分按照同种材料类型和配合比，按楼层划分，一段连续完整的墙体宜划入同一个检验批内。原则上每个检验批为不超过250m³的墙体，否则可根据分缝钢板或转角进行划分。

夯土墙专项工程检验批验收时，其主控项目应全部符合该标准的规定；一般项目应有80%及以上的抽检处符合该标准的规定；有允许偏差的项目，最大超差值为允许偏差值的1.5倍。在挑选验收子项时，重点参考了清水混凝土验收标准，制定了如图4-78所示的细则。

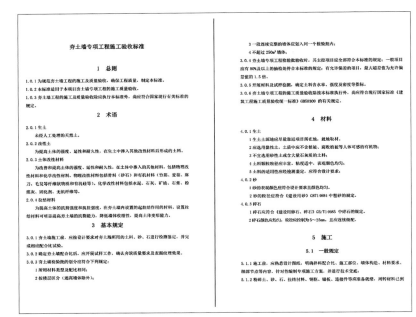

图4-77 《夯土墙专项工程施工验收标准》(节选)

6.2 一般项目

6.2.1 夯土墙模板安装的允许偏差及检验方法应符合表6.2.1的规定。

检查数量：在同一检验批内，以墙体分缝为界，抽查30%且不应少于3件；

表6.2.1 夯土墙模板安装允许偏差与检验方法

项次	项目	允许偏差(mm)	检验方法
1	轴线位移	4	尺量
2	截面尺寸	±4	尺量
3	相邻板面高低差	3	尺量
4	模板垂直度	4	经纬仪或吊线、尺量
5	表面平整度	3	用2m靠尺和楔形塞尺检查

6.2.2 夯土墙尺寸、位置的允许偏差及检验方法应符合表6.2.2的规定。

检查数量：在同一检验批内，以墙体分缝为界，抽查30%不应少于3件；

表6.2.2 夯土墙允许偏差与检验方法

项次	项目		允许偏差(mm)	检验方法
1	轴线位移		8	尺量
2	截面尺寸		±5	尺量
3	垂直度	层高	10	经纬仪、线坠、尺量
		全高	$H/1000$	
4	表面平整度		8	2m靠尺、楔形塞尺
5	角线顺直		8	拉线、尺量
6	预留洞口中心线位移		15	尺量
	门窗洞口高、宽		±10	尺量
7	标高	层高	±8	水准仪、尺量
		全高	±30	
8	阴阳角	方正	8	尺量
		顺直	8	

图4-78 验收细则

4.3.3 实施工艺研究

杭州国家版本馆项目的夯土墙施工主要由两部分工艺组成：钢龙骨安装和夯土墙施工。

（1）钢龙骨安装

钢龙骨安装工艺流程为：化学锚栓→上口连接→钢柱安装→钢梁吊装。

夯土墙内钢龙骨构件原材料采用20mm厚钢板，构件种类主要分为三类：墙体分缝钢柱、构造柱、门窗洞口定位钢框。钢柱为双π形（无结构柱位置）和十字形（有结构柱部位），通高设置，上下与结构连接，钢板侧边外露与夯土面齐平；分缝钢板柱间距根据设计效果确定，一般不大于6m。构造柱为H型钢（图4-79），一般在分缝钢板间的墙体内设置，内藏在夯土墙内，保障夯土墙面距离钢柱面20cm以上，避免开裂。对于门窗洞口采用钢板围合做框。水平分缝钢板采用π形。

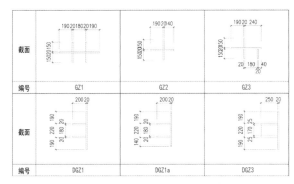

图4-79 主馆一区夯土墙内钢柱截面图

钢构件尺寸较大，其中最高最重的钢柱分布在主馆一区（图4-80），型号为GZa的钢柱尺寸长度平均在13m，单根主龙骨质量为1.2t。结合不同高宽夯土墙的构造需要，以及与主体结构、幕墙的交接关系，钢构件截面种类繁多，深化加工、安装难度较大。由于分缝钢板、洞口定位钢框等均为外露构件，对钢构加工效果和安装精度要求高，此类构件一是按照精制钢的标准进行加工，钢柱不分段，一体成型，避免现场对接；二是对超过5m的分缝钢板外露线条，采用二次焊接定位的方式，保证外露部分线条的竖直和露面尺寸一致。在安装方面，由于是室内安装，大型起吊设备无法使用，采用了叉装车、登高车、捯链等器械组合进行安装的方式。

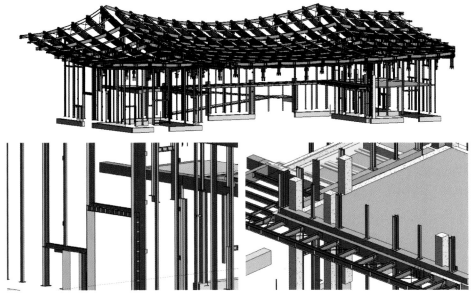

图4-80　主馆一区夯土墙内钢柱三维图

主馆一区：由于室内场地安装条件较好，叉装车可以进入室内进行吊装，根据施工图在对应的钢柱安装位置分好料后，用叉装车将钢柱吊起。吊入安装位后，钢柱按顶部固定点、中端固定点、底部固定点从上至下依次进行调整固定：先在钢柱上口进行调整，调整到位完成后，将钢柱与顶部钢结构梁进行电焊，再进行中部底部的调整点焊，然后进行下一根钢柱的安装。待一面夯土墙内所有钢柱都安装调整并点焊完成后，再对其整体进行尺寸复核纠偏，多次复核无误后，对所有焊缝进行满焊，完成最终的固定。焊接点验收完成后刷两度红丹防锈漆，做好防腐处理。其中窗台板钢构件需要临时固定，夯土夯筑至钢梁底部标高后，将钢梁下降、二次就位，见图4-81。

主馆五区：由于室内场地安装条件较差，叉装车只能在室外进行辅助的吊装作业，叉装车无法触及的区域，根据实际情况由钢柱的自重大小选择人工扛运安装或者制作室内临时吊运架配合捯链进行安装。安装前根据施工图在对应的钢柱安装位置将钢柱材料分配到位。对于外围夯土墙，叉装车可以触及的，均使用叉装

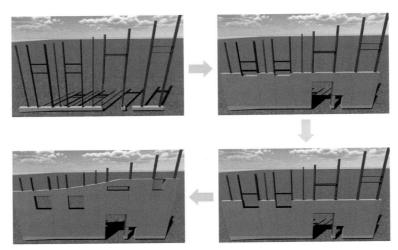

图4-81 钢梁与夯筑交叉工序模拟图

车吊入安装位；对于叉装车无法触及且自重＜300kg的钢柱，使用6人进行扛运安装；对于叉装车无法触及且自重≥300kg的钢柱，需制作临时吊运架配合捯链进行安装，吊运架使用50mm×50mm×5mm钢管进行焊接制作。

（2）夯土墙施工

夯土墙施工首先要进行夯土材料的制作。其流程为：土晾晒→晾晒土粉碎→按配合比搅拌材料→醒土。

1）晾晒：对天然土料进行晾晒（图4-82），摊铺厚度2～3cm，晒至以手可捏成粉为标准，但不可太过干燥，避免土样粉状颗粒流失；土样应无杂质、颜色均匀。

图4-82 天然土料晾晒

2）粉碎：采用粉碎机分批对晾晒土进行粉碎，粉碎工作应在封闭空间内进行，并应储存在干燥封闭区域内（图4-83）。

3）配合比确定：提供设计所需的土料、砂、石，经设计分析测算，确定夯土体积配合比。

图4-83　粉碎后的天然土

4）搅拌：根据设计配合比，按比例将粉碎土及砂、石骨料放置于搅拌机内搅拌均匀；入料顺序为石→砂→土。首先在未加水情况下干拌2～3min使材料之间混合均匀；然后慢速均匀加水，搅拌至砂、土均匀包裹石子骨料，控制总搅拌时间为5～10min；严禁用铁锹直接投料，应提前购置标准桶，按比例计量添加。

土料搅拌成型标准：手握成团不松散、落地开花。土料水分的快速检测方法为：单手可将土料攥捏成球状且不沾手，在1m高度自然跌落在硬质地面上，如呈土球状表面仅产生若干裂缝，表明水分过多；如呈粉碎状表明水分过少；如被摔成几瓣，则水分适中。

5）静置醒土：将搅拌后的土料在阴凉处覆膜静置12h（图4-84），使材料与水分充分结合、吸收，增加其后期夯土的粘结牢固性。醒土是否达到要求的简易检测方式为：手捏土，手表面不湿润，捏成团浅表不明显湿润。

夯土墙的施工工艺流程分为以下几步：模板支设→夯土材料入模→首步分层夯实→第二步分层夯实→依次进行夯筑→养护→喷涂保护剂→成品保护。

1）模板支设：夯土墙的模板支设方式类似混凝土墙板支模，模板采用18mm

图4-84　拌合土醒土

厚覆膜多层板；次龙骨采用50mm×70mm木方，间距300mm水平设置；主龙骨采用双钢管，间距500mm竖向设置，起步100mm；对拉螺杆为ϕ12mm。

首次模板按两步模板开始，夯至两步高时拆除下部模板搭设上部模板夯土，按此依次夯土。每步模板高度900mm，上步模板和下步夯土墙搭接100mm。拼缝位置需设置一道次龙骨固定牢固，确保拼缝整齐。阳角部位使用方圆扣加固模板。

与结构墙贴合的夯土墙模板支设方法同整体夯土墙模板，固定方式为利用剪力墙施工中形成的穿墙孔，在模板及墙体面上采用背木楞，用穿墙螺杆拉紧。

在模板内侧涂刷油性隔离剂，一般涂刷两遍，以防止拆模板后夯土料粘模，影响观感。

2）夯筑施工：入模成品土料，每层虚铺厚度控制在150～200mm，夯土前应先用铲刀将土料拨平，墙边角部位可适当增加厚度。

夯打应以整面来回进行，夯点之间要保持连续、不漏夯，以达到夯实效果（图4-85），排出土内空气使墙体坚固，夯击时可按梅花形落锤，每个夯点至少夯打3锤，夯打次数应根据墙体夯打情况适当增加。每次夯击时，夯锤提升高度在0.4m以上。第一遍沿之字形路线快速且匀速将虚土初步夯实，避免夯筑用力不均导致虚土泛起；第二遍应从夯窝间高起部分进行夯实（二次夯击）。夯实顺序按"先外围后里面，先四周后中心"，沿回字形路线由边缘向内慢速夯击，以进一步增强土层密实度；第三遍全数夯击。最终压实后每层夯土厚度为50～80mm。

铺料过程中应按设计要求在特定位置掺加色土，以形成特殊饰面效果。

图4-85 夯筑施工

3）夯土墙施工要求：夯筑过程中在墙内水平方向每隔300mm放置纵向3根、横向@400mm的15～20mm宽竹条拉结，以提高夯土墙的整体性。两次夯筑时间间隔若超过12h，应在已完土墙层面适当洒水湿润后再铺设土料，保证上下层结合紧密；土层结合面应剔凿成凹凸面。夏季拆模时间宜为3～5d；冬季拆模时间应适当延长，宜为5～7d；须严格控制拆模时间，不得过早拆模，避免出现夯土料粘模现象。夯筑作业宜避开冬季和雨季；若无法避开，冬季施工时环境温度应在5℃以上，雨季施工时应搭设防雨棚。

4）螺杆洞口修补：拆除模板及穿墙螺杆后，挖除螺杆堵头，并采用同质土料对螺杆孔进行修补，修补后的效果如图4-86所示。

图4-86　修补后的螺杆孔

夯土墙施工完成后需要做好养护及成品保护（图4-87），其养护方式与混凝土有较大不同，混凝土浇捣完成后一般是覆盖塑料薄膜防止失水，而夯土墙主要是采用硬质隔离防止施工损坏，并不特别要求采用覆盖薄膜等方式进行处理，以避免水分无法释放而产生霉斑。

图4-87　夯土墙成品保护

夯土墙面清理打扫干净后喷涂透明保护剂，保护剂可盖住墙体表面的孔眼，渗透至墙内部5～10mm，使夯土墙成为一个密实坚固的整体，增加其强度和硬度，还能起到抗风化作用和一定的防水效果。

（3）冬期施工

由于生土夯土墙的固结不是一种化学反应，而是墙体在自然干燥过程中黏土将砂石固结，形成受力性能和耐久性能优良的整体（图4-88），这一过程与外部环境有直接关系，过热和过冷都会影响墙体固结质量，其中过热会造成墙表面水分快速流失，产生裂缝，而过冷会影响水分子活动，挥发速度降低，施工效率大受影响，若出现冰冻，还可能直接影响墙体稳定性。而过大的空气湿度也不利于墙体固结。因此最佳施工时间是天气晴好干燥，温度在20℃左右为宜的时候，期间土体水分可稳定挥发达到平衡，上下每版墙体施工间隔时间可控制在5～7d。杭州国家版本馆项目夯土墙施工时间段较长，从秋末延续至春节，期间需考虑极端天气和低温的影响，必须采取合理的冬期施工措施。

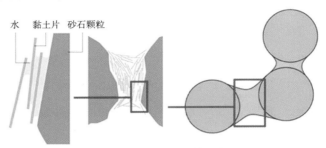

图4-88　黏土与水的粘结作用

　　生土夯土墙在南方地区的冬期施工又是一项较难找到同类案例的工作，据此情况，建设者们提早进行了谋划，先是借鉴了混凝土在严寒地区冬期施工的措施，确定两个原则：降低外部环境温度影响、控制作业环境温湿度。

　　在降低外部环境温度影响方面，工程将夯土墙从四周敞开的半室外作业变成了四周有围挡的室内作业，在夯土墙四周搭设了脚手架，并用防火岩棉毯进行了五个面的围挡；在夯土拌和备料区域，搭设了轻钢结构防护暖棚，保障夯土原材料堆放条件（图4-89～图4-93）。

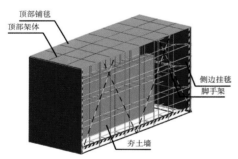

图4-89　暖棚组成透视图

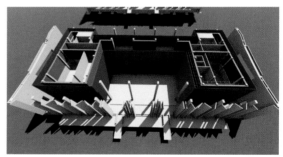

图4-90　主馆一区竖向暖棚搭设模型

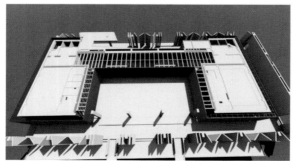

图4-91　主馆一区水平暖棚搭设模型

图4-92　作业点围挡照片

传承宋韵　文润东方
中国国家版本馆杭州分馆工程创新与实践

图4-93 加工备料点围挡照片

在调节温湿度方面，夯土备料加工和施工作业面均设置了供暖设备，为了保证供暖效果，施工单位比选了多种设备，分别为电供暖、燃油供暖和燃气供暖，后将常规用于蔬菜大棚供暖的燃油风机作为室内主要供暖设备，将电热风机作为作业点位外侧补充增强供暖设备，并设定了白天温度不低于15℃，夜间不低于10℃的总体控温目标。对于南方多雨和围挡完成后空气流通不畅的情况，设置了内部通风设备和除湿设备，委派专人记录和控制温湿度，动态调整相关设备的运行；供暖设备与除湿设备的配置均通过计算进行初始配置，暖棚使用过程中根据实际温度、湿度情况进行动态调整（图4-94～图4-97）。

图4-94 供暖设备

图4-95 温湿度计

图4-96 通风设备

图4-97 除湿设备

暖棚使用期间，每日2次记录温湿度。经统计，暖棚内温度基本维持在18～20℃区间，湿度基本维持在40%～50%，总体达到预设目标要求（图4-98、图4-99）。

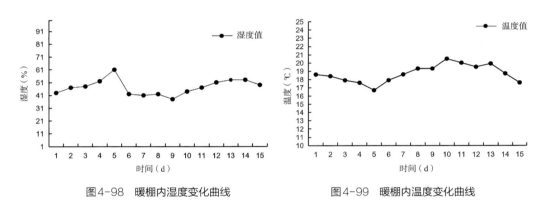

图4-98 暖棚内湿度变化曲线　　　　　　　图4-99 暖棚内温度变化曲线

4.3.4 夯土墙含水率与抗压强度试验

（1）含水率检测

含水率是夯土墙质量控制的重要指标，土料含水率过高会导致后期夯土墙风干过程中产生大量收缩、进而产生裂缝甚至影响墙体稳定性，含水率过低则粘结性会受到影响。在夯土墙含水率检验方面，用于检验生土含水量是否合适的简易方法即是"手握成团、落地开花"，这是我国民间检验含水率的传统经验之法，事实上也是国际上通用的方法，只不过后者在操作细节上有更详细的规定。"手握成团、落地开花"的意思是，当用手抓起一把土，用力握紧后手指松开，土料能够保持团状；再将此土团由距离地面约1m处自由落下，砸在地面后土团自然散开，说明土料不干不湿，适宜夯筑（图4-100）。如果土料无法握成团，则说明太干、需要加水，如果土料落地后没有散开，则说明太湿，需要再加土搅拌，或者翻拌几遍让水分蒸发。

除了上述传统检验方法外，现土料含水率已可通过实验室精确测得。但本项目大体量的生土夯土墙施工，需要更为实时、精准的土料含水率数据，以便根据现场

图4-100 含水率检查示意图

施工情况进行针对性的调整。同时传统检验方法中判定夯土墙拆模的条件为"表面发白"，而缺乏具体可参考的量化数据，在本项目工期紧、建设标准高的夯土墙施工中无法提供有效的数据支撑。

通过含水率速测仪器、现场烘干箱试验的组合方式，实现了原材料拌合土在施工中和夯土墙成型后等全过程的含水率实时快速测量（图4-101～图4-103），且通过烘干箱验证了速测的准确性。

图4-101 拌合土含水率测量

图4-102 成型夯土墙含水率检测

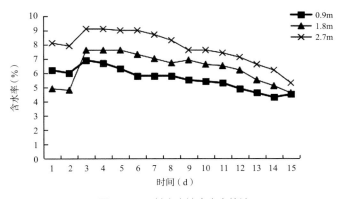

图4-103 某夯土墙含水率统计

（2）抗压强度试验

随机采用当日的拌合土（醒土完成），采用与夯土墙施工同样的气动夯锤与气压，将土料分5层装入尺寸为200mm×200mm×200mm的立方体试模中，1组3个试件，边角处采用木方与铁锤的方式进行手工夯实加强处理。试块表面需要特别注意处理平整，因为抗压试验加载方向与夯筑方向需要保持一致。试块制作完成后置于夯土墙施工区域同条件养护。试块同条件养护时间满3个月后进行抗压强度试验。

经采用SXB高精度智能测力仪和300型压力试验机检测（图4-104），夯土试块抗压强度平均值为2.52MPa。这一强度结果与国内大多数非改性夯土墙强度试验研究结论总体上相似，证明浙江区域生土夯土墙抗压强度在含水率控制、夯筑施工条件稳定的前提下，强度可达2MPa以上。

图4-104　夯土试块抗压强度加载试验

（3）夯土墙主要检测项目汇总

通过试验段、实体样板段收集的数据不断完善补充，指导夯土墙施工。在试验检测项目上也根据现场实际施工情况扩充调整完善（表4-13），设置多个检测内容的目的更多的是为了研究完善夯土工艺的相关数据，通过大量数据的记录总结提炼标准，为今后同类工艺施工提供借鉴。

夯土墙主要检测项目　　　　　　　　　　　　表4-13

项次	试验检测项目	检测部位	指标要求	检验方法
1	土体含水率	原材料	10%～12%	土壤温湿度传感器
		实体	随环境变化起伏	
2	空气温湿度	作业部位	20±2℃、40%±5%	温湿度仪
3	强度	实体	2MPa	标准试块

4.3.5　实施情况总结

杭州国家版本馆项目夯土墙体系（图4-105、图4-106）的实施一方面汲取了同类工程的成功经验，另一方面基于项目夯土墙自身的特点，建设者做了众多探索，将中国传统工艺与现代管理和检测方式方法结合，将原来以经验和感官为主的施工控制方式向数字化和标准化过渡改进，如在判断拌和后的夯土原料含水率方面，从原来"手捏、地摔"这一较为模糊的判定方法，改进为采用土壤水分测定仪进行检测；将拆模后养护等强时间控制，从经验判定的夏季3～5d、春秋5～7d，改进为实测土壤含水率和同条件试块试压的方式进行佐证；还采用了贯入度检测来快速检定夯筑质量。这些数据的收集和积累，也为今后同类工程施工提供了借鉴，为建立行业规范标准奠定了基础。

图4-105　主馆五区夯土墙实景

图4-106　主馆一区夯土墙实景

4.4
多类型木结构和钢木组合结构施工实践

4.4.1　应用概况和特点

了解中国的古代建筑尤其是木构建筑，是认知我们的文明文化的重要途径。中国传统建筑从古至今不断发展，一脉相承，形成了独特的木结构体系，以巧妙的"墙倒屋不塌"的柱网结构，发展多年的庭院式群院，在艺术形象上形成了独特的装饰艺术。

杭州国家版本馆项目木构体系包含有木构、钢木组合、钢混木组合等多种结构形式，木材的应用方式多样，按功能部位来看分为以下几个应用点：一是吊挂钢木结构，如主馆一区、南大门大厅的吊挂钢木桁架，贵宾厅的藻井吊顶；二是纯木构筑物，如北池中的明堂；三是钢木组合结构，如南池边的水榭；四是钢混木组合结构，如山体库顶上的观景阁、北池东侧的水阁（图4-107～图4-114）。

为了更好地推进项目木构体系相关策划研究和实施工作的开展，发现并解决相关问题，EPC单位牵头成立了木构课题攻关团队，更大力度地推动了技术研究和难题攻关事项。大量因建筑结构形式创新带来的个性化问题得到了充分的分析研究，促进了木构实施相关工作的开展。

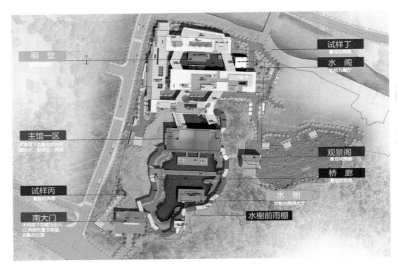

图4-107 木构和钢木构分布情况

图4-108 主馆一区吊挂钢木模型

图4-109 南大门吊挂钢木模型

图4-110 明堂木结构模型

图4-111 桥廊雨棚钢木组合结构模型

图4-112 水榭钢木组合结构模型

传承宋韵　文润东方
中国国家版本馆杭州分馆工程创新与实践

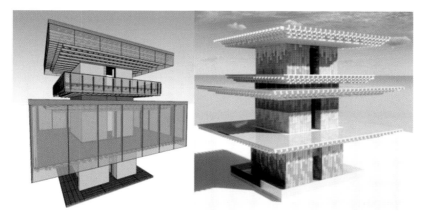

图4-113 水阁钢混木组合结构模型

图4-114 观景阁模型效果

4.4.2 木构选材和样板实施

（1）木材选材

木材种类繁多，不同木材性能差别巨大，作为一个百年耐久设计的文化艺术场馆，如何选择性价比最优的木材是一个难题。木材的选样根据各方意见，在价格、货源、颜色、性能、耐久等方面开展了大量的调研走访工作，经过多轮次小样试验，最终缩小了原料选择范围，明确了进行大样试样的四类木料：缅甸柚木、缅甸金丝柚木、非洲柚木、巴西柚木，相关木材的材料性质如下：

1）缅甸柚木（图4-115）。俗名胭脂木、血树、麻栗、泰柚，为唇形科植物。木材为热带树种，要求较高的温度，垂直分布多见于海拔800m以下的低山丘陵和平原。木材在日晒雨淋干湿变化较大的情况下不翘不裂；耐水、耐火性强；能抗白蚁和不同地域的害虫蛀食。干燥性能好，胶粘、油漆、上蜡性能好，木材硬度相对不大，加工时切削不难，但因含硅油易钝刀。缅甸柚木是制造高档家具、地板、室内外装饰的最好材料，适用于造船、露天建筑、桥梁等，特别适合制造船甲板。对多种化学物质有较强的耐腐蚀性，故宜作化学工业用的木制品。特别是采用于地板时，耐腐、耐磨，光泽亮丽如新，花纹美观，色调高雅耐看，稳定性好，变形性小。

图4-115　缅甸柚木

2）缅甸金丝柚木。金丝柚木其实是缅甸柚木的一种替代品，不过是上等的替代品。金丝柚木稳定性不如缅甸柚木，以心材为主，色泽暗褐、木材含有油分、木理通直、木肌稍粗。边材为黄白色，边、心材区分明显，年轮明显细密、机械性质极强、干燥性良好，收缩率小、木质强韧、耐久性高、对菌类及虫害抵抗力强。金丝柚木心材因产地不同而颜色不同。材面木纹美观优雅且加工容易。价格比缅甸柚木略低。

3）非洲柚木（图4-116）。学名大美木豆，俗称柚木王、非洲黑檀、红豆柚、泰柚王。产于中西非洲。木材具有光泽，无特殊气味；纹理直至略交错，结构甚细

图4-116　非洲柚木

且均匀；木材耐久性高，不易腐朽和受虫害；干缩中等，干燥慢，稳定性好。木材的强度和各项力学指标较高。加工性能好，表面加工、油漆、胶黏、车旋等性能良好。弯曲性能中等，握钉力强。与黑金属接触易变色生锈。该木材可以替代缅甸柚木制造需要高强度、强稳定性、抗虫蛀的木制品；不要同深色金属做在一起，以防金属腐蚀使木材变色。常用于高档乐器、高级装饰单板、地板等，色泽适中，蕴涵精雅气质。

4）巴西柚木。巴西柚木（南美柚木）属于硬木类，硬度高，耐磨损，使用寿命长，是天然防腐木之一，行内人一般称之为贾拓巴。这是一种木性非常好的南美木材，纹路非常漂亮，而且非常稳定，防水耐腐，防虫蛀。南美柚木是世界上少数可以用于船上的木材之一。南美柚木密度高、材质硬、耐腐蚀性强，有油性，木材中含硅，不易加工，不容易开裂，力学性质良好，用途极为广泛，主要用于制造军舰和海轮、桥梁、建筑、车厢、家具、雕刻物、木器和贴面板、镶面板等。经常用于户外建筑，多用于建造海边的房屋，可见其超强的抗腐能力。

经对四类木料大样进行审核确认（图4-117、图4-118），结合主创设计团队意见和木材供应市场的实际情况，明确采用非洲柚木进行1:1木构样板的制作。

图4-117　木材堆放仓库

图4-118　各类柚木样品

（2）知名木构元素建筑调研

对于国内近年来知名的木构元素建筑，建设者也进行了调研，如APEC（亚太经合组织）会议中心总统别墅、普陀山观音法界居士学院、南京园博园和北京雁柏山庄等项目（图4-119～图4-122）。重点关注了该类工程的深化设计、节点连接、施工工序和成品质量等方面的问题，从中吸取经验，提升项目建设品质。

图4-119　APEC会议中心总统别墅　　　　图4-120　普陀山观音法界居士学院

图4-121　南京园博园

（3）试验试样

专业单位依据主创设计团队提供的试样图纸进行深化设计，完成了甲、乙、丙、丁共4个代表性木构样板施工（图4-123～图4-126）。

试样甲为钢筋混凝土核心筒清水结构，核心筒上设有6层钢木构悬挑梁，基础于2021年4月开始施工，2021年6月完成钢木构施工，历时2个月。

试样乙木构通过钢吊杆与钢梁连接，为新颖的钢木组合受力平面桁架，由两组单元构成，2021年4月完成试样安装工作。

试样丙依山而建，内设纯木构件和钢木构件，涉及光环境、金属屋面、青铜屋面等多专业，同时也作为永久保留的景观构筑物。

试样丁主要由四层堆叠的木构件组成，设置于清水混凝土墙顶，整体于2021年6月完成，同时也作为永久保留的景观构筑物。

图4-122 北京雁柏山庄

图4-123 试样甲实景

图4-124 试样乙实景

图4-125 试样丙实景

图4-126 试样丁实景

4.4.3 木构体系实施和总结

（1）吊挂钢木桁架装饰体系

吊挂钢木桁架是一种新颖的钢木组合受力平面桁架，其中吊点和竖杆以钢构件为主，而水平以多层平面木桁架作弦杆，其上外伸木构装饰杆形成空间结构，其应用于南大门和主馆一区（图4-127～图4-130）。

图4-127　南大门屋面吊挂钢木桁架模型示意图

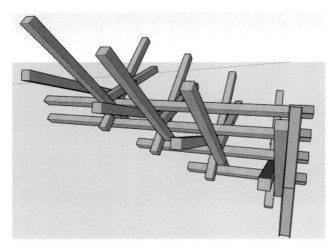

图4-128　南大门屋面吊挂钢木桁架单元式样

图4-129　主馆一区屋面吊挂钢木桁架模型示意图

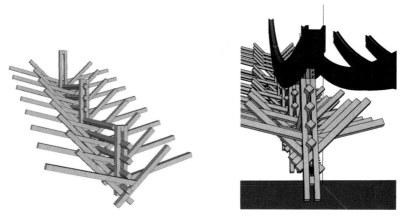

图4-130　主馆一区屋面吊挂钢木桁架单元式样

传承宋韵　文润东方
中国国家版本馆杭州分馆工程创新与实践

杭州国家版本馆项目的吊挂钢木桁架属于装饰体系，但其自身质量较大，结构形式新颖，体系复杂，深化设计和施工难度较大。其中构件体系的受力安全、空间定位和安装精度是控制重点。

在完成试样乙施工后，南大门作为实体样板最先开始施工（图4-131），南大门的吊挂钢木桁架有四榀，吊挂在双曲面箱形梁下。吊点采用钢结构吊柱，桁架由A、B、C、F四类纯木杆件嵌合组成，木构截面尺寸为160mm，最大长度为5.6m。

主创设计团队、设计单位和深化设计单位彼此协同，根据试样乙的实施经验，对吊挂钢木桁架设计图进行了专业深化，并根据样板实施经验和相关各方的要求进行实体施工。于2021年8月5日至2021年8月30日完成了从钢柱焊接安装到木构体系安装涂刷等相关工作。其间施工单位通过激光点云技术、BIM技术分析双曲屋面线形和吊顶，指导钢吊柱加工安装，为木构安装提供了较好的空间定位尺寸，利用满堂架进行木构安装作业，确定了木构件影响范围内的竹望板（吊顶）、封檐板、LED灯带、油漆、封堵等各道工序的流程和技术质量控制标准，整体实施效果达到了设计预期目标，为后续主馆一区的实施奠定了良好的条件。

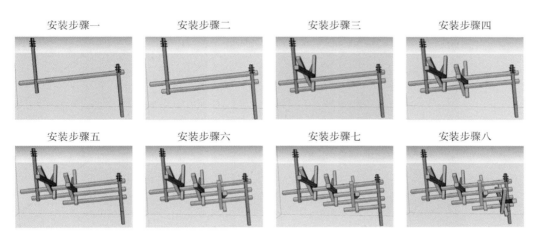

安装步骤一　　安装步骤二　　安装步骤三　　安装步骤四
安装步骤五　　安装步骤六　　安装步骤七　　安装步骤八

图4-131　南大门吊挂钢木桁架单元施工流程

在南大门实施经验的积累下，主创设计团队对主馆一区的吊挂钢木桁架进一步提高了要求，将原来外露的钢结构吊柱改为了钢构不能外露，并且将桁架连接方式从原来的净空插入变为咬合，木构安装精度允许偏差3mm，钢吊柱防火涂料还需控制厚度，给深化设计、材料加工、定位安装提出了新的挑战。

考虑原方案采用的木吊杆安全可靠性较难把控，各方通过协商先提供了三套修改比选方案。三套方案的主要思路是通过增加钢配件和调整连接方式等措施来解决木桁架整体安全性和咬合工艺。

最终经过反复比选和研究，分析三套方案的利弊，在方案二的基础上提出了改进方案。

最终的实施方案在吊点材质上仍然选择钢构体系，保证结构安全，外包木料，保证装饰效果，受力桁架咬合口的最小截面经过验算满足受力要求，安装方式改为从底部逐根插入吊挂立柱内，通过适当增加咬合口开槽宽度来保证角度的细微调整需求（图4-132～图4-137）。

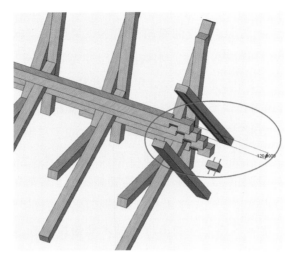

图4-132　主馆一区吊挂钢木桁架调整后模型拆解图

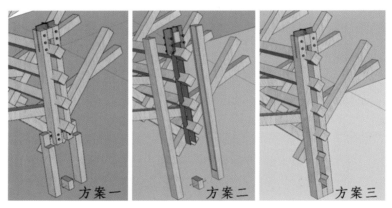

图4-133　主馆一区吊挂钢木桁架初期策划的三种构造形式

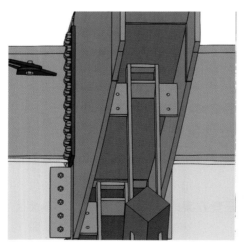

图4-134　钢吊挂柱模型

图4-135　钢吊挂柱安装

传承宋韵　文润东方
中国国家版本馆杭州分馆工程创新与实践

图4-136　桁架单元安装　　　　　　　图4-137　吊柱木构饰面完成

　　实施效果：吊挂钢木桁架是杭州国家版本馆项目南大门和主馆一区两个对外窗口建筑的核心吊顶装饰做法，施工过程中解决了多曲面空间定位、桁架结构和安装形式等一系列问题，成品线条流畅，成排成线、安装牢固，实现了设计期待的整体效果（图4-138～图4-140）。

图4-138　天宝扫描为钢吊柱提供精准空间定位

图4-139　南大门吊挂钢木桁架实景

图4-140　主馆一区吊挂钢木桁架实景

（2）水阁

水阁结构形式为钢混组合结构，其中部为核心筒，外围用木构作为装饰件外包，在多层错台钢结构悬臂梁上形成正交正放的错层堆叠结构，并在端部承担外挂幕墙（图4-141、图4-142）。

图4-141　水阁模型

图4-142　水阁整体效果图

水阁对木材的应用是一种装饰手法，是对斗栱造型的多层钢结构底座的外包装饰。验证水阁建筑效果的试样甲于2021年6月4日完成，在相关方提出了修改意见后，初步研究确定了外露钢板厚度、头缝处理、连接方式，并由设计单位据此进行结构设计（图4-143～图4-145）。在完成第一版设计图后，各方经研究发现结构形式和安装方式是水阁实施的最大难点：一是选择什么结构形式来保证悬挑钢梁的受力和安装的可靠性，同时保证安装精度；二是如何解决钢、木施工次序问题，以及动火作业对木构体系的影响；三是如何保证幕墙等二次结构荷载造成的挠度变形问题。其他还有诸如钢梁翼缘板变截面对外包木构和装饰效果的影响、防火涂料厚度的影响等问题。总体而言，由于该类结构之前设计和施工均未涉猎，因此给方案的稳定带来了很大的挑战。

图4-143　水阁斗栱形悬挑结构

图4-144　结构竖向分解

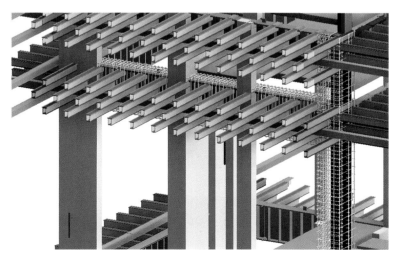

图4-145　水阁结构节点模型

对此问题攻关团队进行了长时间的磋商，通过SU模型和BIM建模多次模拟钢构、木构安装工况，并通过咨询业内结构专家和钢构制作安装专家，达成了对第一版初步结构设计方案进行重大调整的一致意见。首先是钢构环梁采用了施工可行性最优的实腹钢梁和钢柱替代原来的劲性体系，避免了钢筋绑扎对外伸牛腿的影响（图4-146）。

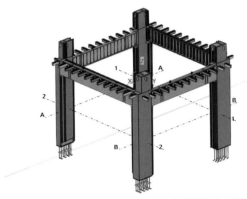

图4-146　优化后的设计方案模型（一）

其次是解决木构和钢构安装条件的问题，由于木构体系存在咬合关系，因此三排外伸牛腿若一次安装完成，木构无法穿插，通过设计计算确认，将主受力的第一排悬挑钢梁牛腿与主框架梁一并交工厂制作，其余两排现场焊接，由此解决钢、木交叉施工所必需的空间条件问题（图4-147）。

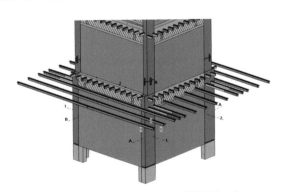

图4-147　优化后的设计方案模型（二）

最后通过一系列技术手段和控制方法（图4-148），解决了安装精度和防火防高温等问题。

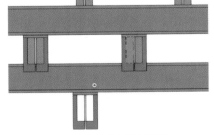

图4-148　木包钢剖视图

在解决钢木叠层斗栱的技术工艺难题后，该单体又面临无法绕开的工期节点要求，如果按照4大层24小层依次施工，将影响验收的重大节点。经过分析研判，创造性搭设多层钢构施工平台，实现垂直向多个作业面平行施工（图4-149）。

图4-149　多层钢构施工平台

结构体系的特殊性给建筑幕墙体系设计也带来了很大的难度，要实现主创设计团队要求的建筑立面效果，幕墙与结构的连接节点（图4-150、图4-151）如何做到隐蔽又安全可靠就十分重要，并且幕墙体系均为大块无框玻璃，抗变形能力较弱，对体系的稳定性要求较高。

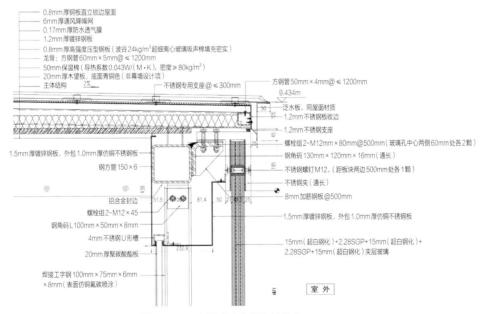

图4-150　水阁玻璃上部连接节点

通过对水阁二层最大悬挑端（承受楼面荷载）以及屋面最大悬挑端（承受屋面荷载与吊挂玻璃荷载）进行有限元计算分析，二层阳角4根钢梁除去可能的应力集中外Mises应力最大值达295MPa，最大应力比0.89，最大挠度47.7mm，屋面阳角

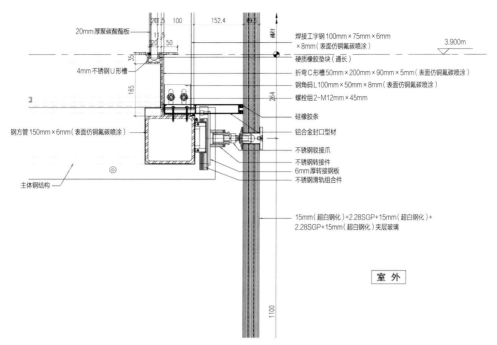

図4-151 水阁玻璃下部连接节点

4根钢梁除去可能的应力集中外Mises应力最大值达274MPa，最大应力比0.83，最大挠度48.4mm。计算得出的变形幅度超过了幕墙玻璃安装容许的变形限值。为减小钢结构变形对幕墙的影响，需准确得出钢梁的实际变形值，采用钢结构静载试验方法得到具体的变形值。具体地，采用水箱模拟玻璃集中荷载、工字钢模拟线荷载，屋面采用12号槽钢模拟屋面面荷载，现场一共采用21个百分表进行悬臂构件挠度测量。

根据加载试验实测数据结果，水阁二层屋面钢木结构挠度最大值为23.73mm（角部），最小值为2.99mm（中间部位），且不同部位的挠度值均不同。为解决钢木结构屋面层与楼面层挠度变化不同、同一楼层不同部位挠度值也不同给幕墙观感和质量带来的问题，分别采取了不同的措施解决上述问题。幕墙玻璃上部通长钢加码根据玻璃板块尺寸断开，并从两端到中间采取预起拱措施（端部高，中间低），起拱高度根据静载试验实际数据等情况综合考虑后为25mm，实现精准的水平标高控制。幕墙玻璃下部固定方式由点式固定改为加入滑轨系统的点式固定，使得玻璃下部点式爪件可以在竖直方向进行滑动，从而消除楼板挠度变化带来的不利影响，避免了玻璃挤压自爆。楼面和屋面加载荷载示意图见图4-152、图4-153。

水阁（图4-154）总建筑面积虽只有676.62m^2，作为景观点缀建筑，规模体态较小，但其特殊的造型对建筑和结构做法提出了极高的要求，在研究期间，各方参与者围绕着如何高精度高效率地完成该建筑进行了充分细致的探讨，并在方案策划阶段解决了大量实际问题，为后续建筑的成功实施奠定了基础。

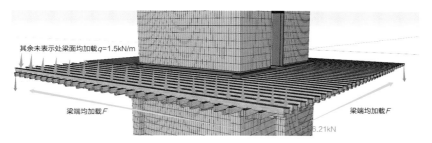

图4-152 楼面加载荷载示意图

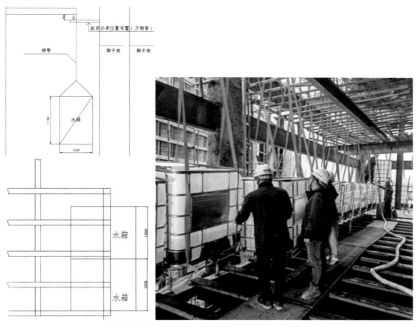

图4-153 屋面加载荷载示意图、实景图

图4-154 水阁实景

（3）明堂

明堂（图4-155）为纯木构建筑，结构形式单一，建筑形式新颖，屋盖体系设计创新，并与水榭、观景阁总体风格一致。作为开放式建筑，明堂主要与机电安装有

一定的穿插关系，以及采用金属屋面，其余专业工程基本未介入该单体。深化设计和策划阶段主要根据机电走线、防雷接地、基础做法、木地板分缝等问题进行了修改完善，是三个木构为主的单位工程中最早形成统一意见并得到确认的。试样丙作为明堂、水榭和观景阁建筑效果和工艺验证的样板，总体效果得到了各方认可。明堂的实施过程也较为顺利，总体建设工期约一个半月，完成了全部作业内容，建筑效果出众。

图4-155　明堂实景

（4）水榭

水榭建筑造型与明堂相近，体态大于明堂，采用钢木组合结构，并以钢构受力为主，屋面部分以木构作为主要受力构件。作为半开放建筑，除了与明堂相似的机电、防雷等做法外，还在平面上和立面上与幕墙穿插，与砌体、混凝土穿插，并在立面上设有超大规格的电动升降门（窗）。

水榭的建筑结构形式以及设计施工的创新性与水阁、观景阁相较，有着明显的承上启下的特点，在根据初步设计图完成第一版深化图后，各方发现工艺工序均有众多难点问题，并几无可借鉴先例，因此该单位工程是攻关团队研究的重点。为实现主创设计团队提出的弱化钢结构属性，实现立柱"无缝"的观感效果，攻关团队从多方面入手，一是研究纯木立柱的可行性，因无法解决钢木组合受力问题而被否决；二是研究木构加工设备，寻找能解决大规格超长木柱中部掏空的设备，通过调研设备生产厂家和咨询业内专家，最终未能找到相关设备和成功案例；三是调研近年来国内知名木构建筑立柱做法，如北京雁柏山庄、普陀山观音法界居士学院、南京园博园、APEC会议中心总统别墅等，研究同类钢木组合结构的立柱做法（图4-156）。最终结合主创设计团队要求和各方意见，选择了与北京雁柏山庄类似的工艺，采用两片围合的方式外包钢柱，并对接缝进行处理，以实现缝隙观感的弱化（图4-157）。

在与幕墙结合方面，重点考虑了幕墙安装工序，根据施工工况分析，以及结合

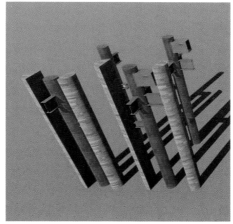

图4-156　同类做法照片和模型

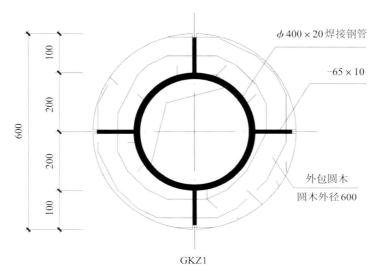

图4-157　木包钢剖面节点图

后期使用维护的要求，确定了先主体结构后幕墙安装这一控制原则，以此作为幕墙规格确定和安装可行性分析的基础，并会同钢构、木构共同形成了BIM工序模拟动画，明确了主要专业工程施工流程（图4-158）。

　　在与机电协同方面，通过全专业BIM模型的建立，确定了机电走线方式（竖向走钢构柱，水平梁上口留槽，见图4-159），优化了布线数量（改为强电上，低压电下），增加了强电预留点位（提供屋面内后续扩展用电可能）和室内地插点位。鉴于后期线路的不可维护性，所有灯具均采用了一主一备的布线方式。其他如木地板尺寸和安装方式、屋面人字尖加固方式、屋面支撑木梁、电动升降门地面处理和顶棚插销设置方式等问题，攻关团队均提出了合理化建议或多个解决方案，并与主创设计团队进行了充分交流。

　　建成后的水榭是场馆南区景观湖边的核心建筑，承担着重要的接待、宴请等功能，建筑造型别致典雅，与周边建筑和景物相得益彰（图4-160）。

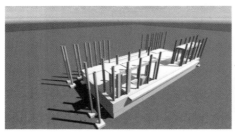
①楼电梯间及钢柱施工

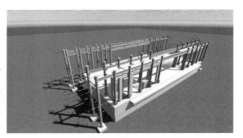
②东西方向钢梁施工

③木柱安装

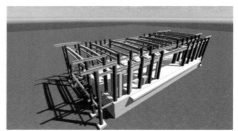
④南北方向钢梁施工

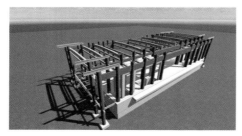
⑤东西方向木梁施工

⑥南北方向木梁施工

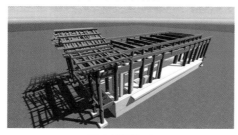
⑦木屋架施工

⑧屋面板施工

图4-158　水榭施工工序图

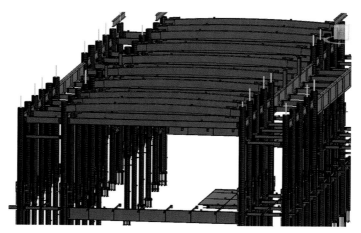

图4-159　安装走线与钢构结合模型

传承宋韵　文润东方
中国国家版本馆杭州分馆工程创新与实践

图4-160 水榭实景

（5）观景阁

观景阁（图4-161）是本项目木构集大成者，采用钢混木组合结构，其中核心筒为混凝土结构，框架为钢结构外包装饰木，屋面和挑檐为木结构结合金属屋面，采用幕墙围护体系，与水榭形式相近。地面为钢木底座＋木梁正交正放叠合的斗栱结构，与水阁情况类似。其位置在山体库顶部，离开地面约有40m，施工难度极大。

图4-161 观景阁效果图

观景阁自身在技术问题方面与水榭基本相同，在确定钢结构和木结构（图4-162、图4-163）的安装顺序、确定幕墙施工时序、确定强弱电走线方式，以及建立全专业BIM模型和形成工序动画后，其施工流程和控制要点已经基本稳定。

观景阁主要施工难点是十分不利的材料运输安装条件，由于地处山体库顶，并且深入内部，底座周边悬空且为清水混凝土，给外架搭设和材料垂直运输带来很大挑战。观景阁内的玻璃幕墙立面最大玻璃为3980mm×2710mm，面积10.8m²，质量近1t。因观景阁特殊的建筑造型，使得玻璃无法吊运安装，需设置安装机器人工作平台来解决，而工作平台又面临四周悬空站位困难的情况，因此观景阁虽然建筑结构形式与水榭有较大相似度，但作业环境使得其作业难度远大于水榭。

图4-162　钢结构施工过程照片

图4-163　木结构施工过程照片

　　观景阁是项目的最高点，也是周边地区的最高点，登楼而上不但能尽览园区风光和茶园美色，更能一览良渚遗址地区全貌（图4-164）。

图4-164　观景阁实景

传承宋韵　文润东方
中国国家版本馆杭州分馆工程创新与实践

5

建造方式的
创新探索

5.1
特殊建筑形态的清水混凝土施工工序研究与实践

5.1.1 应用概况和特点

杭州国家版本馆的清水混凝土并不是一种独立装饰手法，与普通混凝土一样，共同承担着结构受力要求，需要遵循基本的结构分区、分层施工原则，也就是通常说的一层一层向上造房子。普通建筑的混凝土对感官质量并没有美观方面十分严格的要求，更多地追求性能满足设计工况，在划分检验批，也就是一次施工区域的时候，往往范围较大，尽可能一次完成一层结构的全部浇捣工作。但清水混凝土正好相反，区块越小质量越容易控制，过大的工程量和多类型构件同步施工会极大地增加混凝土感官缺陷发生的概率，特别是竖向构件和水平构件同时存在时，极易出现施工冷缝，影响混凝土美观。

杭州国家版本馆项目清水混凝土结构约占混凝土总量的20%，展开面积约9万 m²，涉及面广，构件种类多，包括柱、斜柱、墙、双墙、梁、密肋梁、平板、楼梯、翻边、踢脚线、墙裙、檐口、栏杆等几乎所有混凝土结构部位（图5-1）；建筑形式多样使得各个单体结构形式有较大不同，标高极富变化，还存在超高、超大跨、非正交、双曲面等影响因素。综合来看，杭州国家版本馆项目清水混凝土结构施工通过常规作业分区分片方式无法完成，需以清水混凝土为主控边界条件，结合其他影响因素重新制定施工原则和作业工序流程。

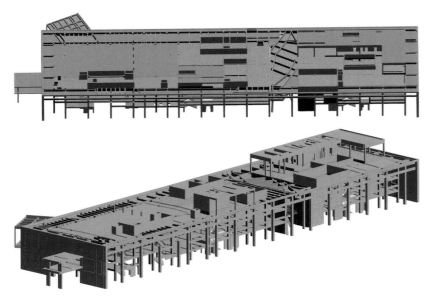

图5-1 主馆三区结构模型（绿色为清水混凝土）

5.1.2 工序控制原则研究分析

要解决杭州国家版本馆项目不同单体、不同结构形式下清水混凝土浇捣工序的难题，首先要研究制定工序梳理原则。在充分分析设计意图、现场环境、作业能力和施工风险后，建设方确认了以下控制原则：

水平构件和竖向构件的关系：不应同步浇捣，应将常规工程合二为一的一道工序（如：浇捣某层楼面、梁、柱、墙）拆分为至少两道工序，即先竖向构件（柱、墙）后水平构件（梁、板）。

不同纹理的竖向构件的关系：不宜同步浇捣，该情况主要针对采用竹纹、木纹和光面三种不同类型清水竖向结构的情况，如果具备拆分条件，应尽可能分开施工。

对于清水和非清水水平构件交叉的结构层处理：优先选择清水单独施工，四周留设施工缝；对于板块大小过小、穿插过多、有防水要求等情况的结构层，必须与普通混凝土同步浇捣时，应先浇捣清水混凝土，后转换普通混凝土，对清水混凝土区域的板浇捣范围按1m外扩（考虑混凝土流淌高度1∶6），对于梁尽可能采取一定的阻挡措施，按梁高3倍外扩。对于标高、界面重叠严重的部位，根据结构形式分块后，单独制定实际浇捣范围。

如主馆五区夹层楼面清水混水穿插过多（图5-2），考虑一并浇捣时，采用外扩的方式进行处理。

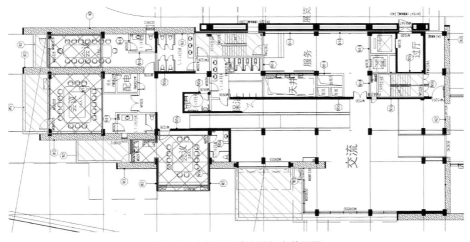

图5-2 主馆五区清水混凝土范围图

水平结构临时施工缝处理措施：水平构件清水混凝土尽可能不设置施工缝，力争整体浇捣。对于确实因为标高、标号差异、工序穿插和工作面等因素影响，无法一次浇捣的，单独研究合理的分缝位置。从整体效果考虑，分缝位置一般为梁柱、梁板阴角结合部。对于施工缝的处理，应根据部位的重要性和防水要求进行确定，对于普通楼层，可进行凿毛处理；对于有防水要求的，还需留设止水条或者止水带；对于可能存在较大负弯矩的区域，应适当对负筋进行加强，由设计单位进行变更。

上翻梁清水底面浇捣措施：对于底面为清水混凝土的上翻梁（图5-3）原则上考虑将底板与上翻梁一次同步浇捣；其中部分区域上部无特殊荷载和功能需求的部位，以及标高差异较大的部位，如展廊结构、部分风雨廊区域等，考虑先施工底板后施工上翻梁。

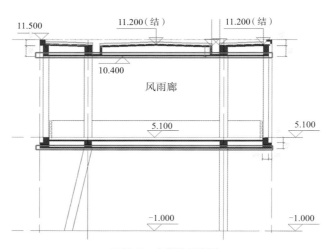

图5-3 上翻梁示意图

密肋梁、井字梁等大面积清水屋面分缝措施：大面积混凝土楼板和梁一起浇捣混凝土控制难度极大。若采用密肋梁（图5-4）、井字梁等兼顾装饰的结构形式，梁混凝土用量增多，板面容易出现冷缝。因此，部分区域考虑梁板分开浇捣（《混凝土结构工程施工规范》GB 50666—2011第8.6.2条）。第一次浇捣至板底标高-8mm，即预留8mm的木纹板贴面厚度。

图5-4 密肋梁效果图

主馆一区地下室井字梁和墙板、柱一次浇捣至板底，后封闭楼板面（图5-5）；主馆五区梁板分离，先施工密肋梁至板底和Y轴下层连系梁，后施工屋面板（图5-6）；主馆三区与五区情况相同。

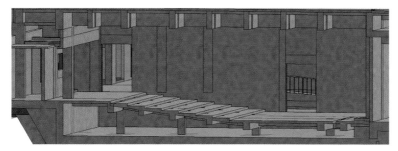

图5-5 主馆一区报告厅分缝
（第一次浇捣柱墙和梁到板底-8mm，第二次封闭楼面）

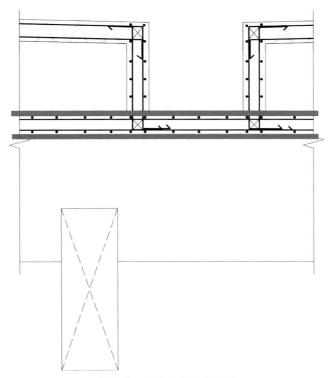

图5-6 主馆五区密肋梁分缝
注：第一次（红色）在板底-8mm分缝，第二次（蓝色）板面分缝。

独立柱或超高柱的分缝措施：青瓷屏扇范围的独立柱原则上在牛腿底5cm位置设置水平施工缝，并尽可能一次施工到此标高。预埋牛腿（图5-7）采用柱内预留安装空间的方式进行定位。对于必须分缝的独立柱，留缝首先考虑对应混凝土预制挂板分缝高度，其次按照楼层建筑面分缝（表5-1）。

独立柱分缝表　　　　　　　　　　　　　　　　表5-1

部位	第一道缝（m）	第二道缝（m）	第三道缝（m）	单次最大高度（m）
南大门	牛腿底标高-0.02+6.02-0.05	屋面板底	—	6.07
主馆一区	牛腿底标高-0.02+9.22-0.05	柱顶标高-1.05 柱顶标高-1.65	屋面钢梁底-0.90	9.27
主馆二区	牛腿底标高-0.02+8.65-0.90	屋面板底+10.40	—	9.55

部位	第一道缝（m）	第二道缝（m）	第三道缝（m）	单次最大高度（m）
主馆三区	牛腿底标高 -0.02+8.00-2.60	屋面板底 +9.78	—	10.60
主馆四区	牛腿底标高 -0.02+7.85-2.60	屋面板底 +9.98	—	10.45

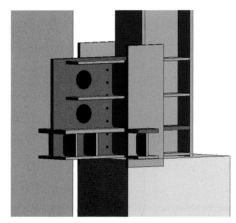

图5-7　牛腿模型

檐口挑板做法：檐口挑板宜一次浇捣，若存在双层板或其他因素无法一次浇捣的情况，则考虑设置施工缝（图5-8）。

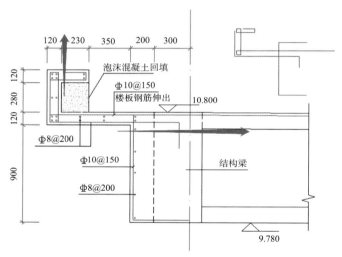

图5-8　主馆三区檐口分缝

5.1.3　典型案例分析

在确定总控原则以及对分项工程的分缝处理方式后，下一步研究单位工程的施工方式。以乐高积木类比，就是在研究完成每个颗粒的尺寸形式后，设计总体拼装流程，最后形成拼装说明书。其中的关键就是先后顺序和分块措施，也是工艺水平和结构形式综合评估的结果。由于项目各个单体差异极大，因此每个单体建筑均要形成一份独一无二的建设"说明书"。

这项工作分为三个阶段，先是对每层结构合理划分施工区块，再对施工区块内的构件依据总控原则进行拆解，最后依据层间关系进行协同考虑，形成总体施工流程。

同样以前文出现过的主馆三区为例，图5-9为屋面平面图，其中黄色阴影部位为清水混凝土范围。

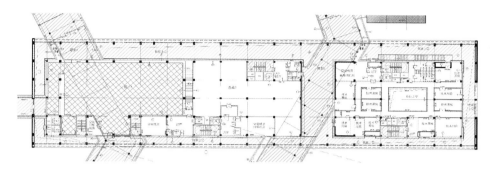

图5-9　主馆三区屋面平面图

依据工程量和结构形式，先将该屋面分为三个施工区块（图5-10），区块间工程量尽可能平衡。

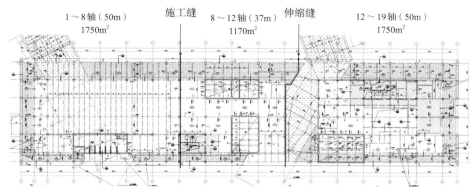

图5-10　主馆三区屋面分区平面图

再根据总控原则以及实际图纸情况，在BIM模型中对构件进行拆分，确定基础工序。以1～8轴区间为例拆分情况见图5-11～图5-13。

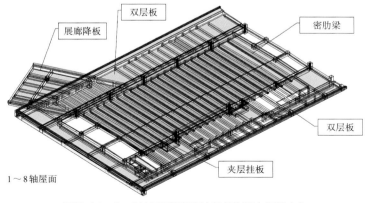

图5-11　1～8轴屋面透视图（红色为清水混凝土）

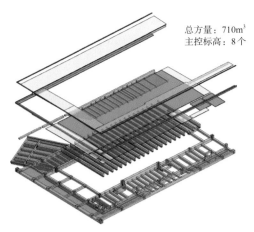

总方量：710m³
主控标高：8个

图5-12 按照总控原则进行竖向拆分（红色为清水混凝土）

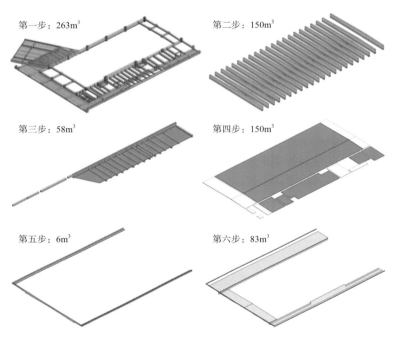

第一步：263m³ 第二步：150m³

第三步：58m³ 第四步：150m³

第五步：6m³ 第六步：83m³

图5-13 对每个竖向分层进行拆分确定概念性浇捣步骤

由图5-13分解情况可知，根据总控原则和图纸，1～8轴屋面宜分为6个步骤进行支模和浇捣作业，据此分解图与作业团队协商后，进一步优化，将部分有把握可一次成型的流程进行合并，通过调整次序，减少分次数量，优化合并，制定最终施工流程如图5-14所示：

图5-14中横向为主施工步骤，主要说明了混凝土的浇捣顺序和步骤，为流水施工工序，共有10道工序；纵向为平行施工工序，彼此无直接影响，可同步施工，共有26道工序，其中清水混凝土16道。主馆三区虽然是一个2层（局部夹层）的建筑，但结构施工实际分为10道流水施工工序，而常规工程一般只有2～3道流水施工工序（1层墙柱和顶板、局部夹层、2层墙柱和屋面），相较之下，是常规工程的3～5倍。

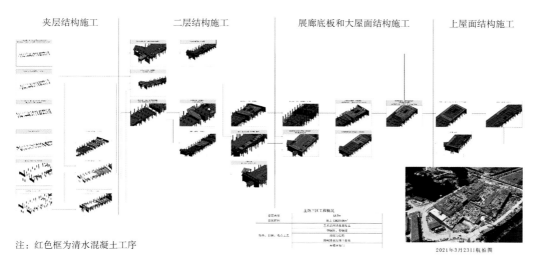

夹层结构施工　　　二层结构施工　　　展廊底板和大屋面结构施工　　　上屋面结构施工

注：红色框为清水混凝土工序

图5-14　主馆三区施工流程图（局部示意）

5.1.4　实施情况总结

杭州国家版本馆项目的清水混凝土工艺和工序研究相辅相成，奠定了工程能实现良好的清水混凝土效果的基础，清水混凝土的所有分缝均通过策划和控制，将其设置在合理、隐蔽的位置，最大可能地实现了"天衣无缝"的设计效果（清水混凝土实物可参见图4-32～图4-37）。

5.2
超大预制竹纹外墙挂板制作安装方式研究与实践

5.2.1　应用概况和特点

杭州国家版本馆项目大量采用预制混凝土板作为立面和屋面的装饰板，在工程的南大门、主馆二区、主馆三区、主馆四区的外墙除现浇清水混凝土外，大量采用超大预制竹纹外墙挂板（图5-15）。

以南大门为例，建筑分上、下两层，东西长52m，南北宽18.5m，占地面积962m²，建筑高度13.1m。外装饰工程包括南、北两面的预制清水预制板幕墙和青瓷屏扇，通道两侧的玻璃幕墙以及青铜屋面。其中，预制清水预制板幕墙总面积551m²，板块水平分隔按照楼层分成上、下两层，垂直方向按照1.68m为一个分隔，板块数量共有80块，最大单块面积为12.13m²（高7.41m、宽1.68m、重2.8t），外饰面为10mm厚竹纹肌理，整体板厚90mm（图5-16、图5-17）。

图5-15　预制竹纹外墙挂板分布图

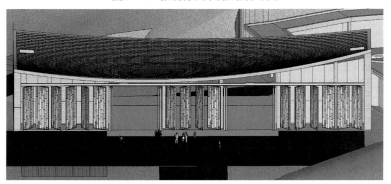

图5-16　南大门南立面图

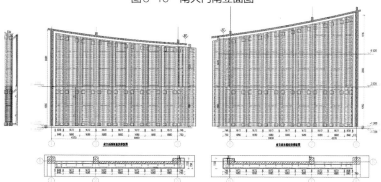

图5-17　南大门南侧预制板排板图

　　预制清水预制板面积大、自重大，板块与板块之间的缝隙仅为8mm，板块外饰竹纹只有10mm厚，极易遭到破坏，轻微的磕碰都将导致竹纹饰面缺边掉角。预制清水预制板材料自身"面积大、自重大、饰面竹纹易碎"的属性特点给板块的装卸、转运、起吊以及吊装等施工作业带来了极大难度，对整体平整度和分缝控制要求极高。

　　板块模型见图5-18，立面拼缝样板见图5-19，预制挂板横剖图见图5-20。

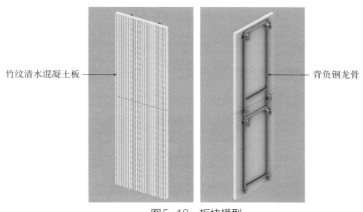

竹纹清水混凝土板

背负钢龙骨

图5-18 板块模型

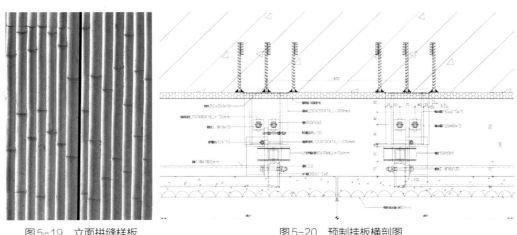

图5-19 立面拼缝样板

图5-20 预制挂板横剖图

此外，板块安装位置均在室内走廊（图5-21），施工安装场地狭窄，且板块安装完成面距楼板距离仅为20cm（图5-22）。楼板为清水混凝土，无吊顶、抹灰等装饰面层，无法在楼板预埋件设置挂点吊装，也无法使用传统的汽车式起重机或者其他起重设备进行吊装，安装难度大。

图5-21 檐廊下的预制挂板模型

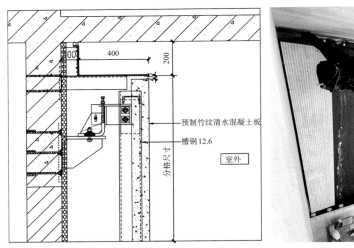

图5-22 预制挂板顶部空间

　　综上所述，预制竹纹外墙挂板施工的要点有：配合比、模板体系、背负钢架体系、连接节点和调节方式、安装方案。

5.2.2 预制竹纹外墙挂板设计与制作

　　清水混凝土配合比和模板体系得益于前期清水混凝土现浇体系的研究，已经积累了较为成功的经验，由于预制竹纹外墙挂板为工厂预制，混凝土成品质量更加容易控制。通过试验和样板制作（图5-23），确定以原清水混凝土配合比为基础进行微调，保持色泽的一致性。

图5-23 预制清水预制板样板块

背负钢架的设计要兼顾板块强度和施工安装需求，通过设计计算，确定了整体板厚90mm，背面埋设10号和12号槽钢，埋深56mm。设计图和大样图见图5-24、图5-25。

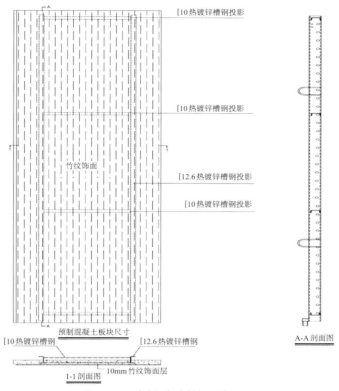

图5-24　清水混凝土挂板设计图

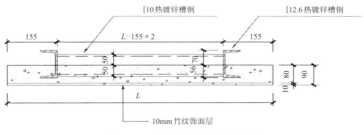

图5-25　清水混凝土挂板大样图

按照挂板大小使用专用槽钢定制模具外框，竹纹肌理外饰面制作使用竹片做模倒印保证成品外饰面真实；模具内壁要光洁，因为模具内壁光洁度将直接影响成品表面光洁度；模具外部设置加强肋、辅助夹具等固定措施，防止在浇筑时模具变形产生次品。

预制板背负钢架使用热镀锌槽钢，镀锌层厚度≥70μm，钢架加强钢筋使用HRB400钢筋。背负钢架竖向两侧12号槽钢夹住横向10号槽钢（间距不大于1800mm）焊接，12号槽钢埋入预制板深度56mm，在槽钢埋入侧离边35mm位置开孔，直径30mm，间距≤150mm，用于对穿加强钢筋，加强筋为φ6热轧带肋钢筋，加强筋设置上下两层，网格布置，间距≤150mm，保护层厚度18mm。在12号槽钢上焊接安装用连接件和运输用ϕ14钢筋挂钩。检查验收制作质量、防锈处理后放入模具浇筑。

预制板模板加工制作过程见图5-26，预制板混凝土浇捣见图5-27，待运输的成品见图5-28。

图5-26　预制板模板加工制作过程

图5-27　预制板混凝土浇捣

图5-28　待运输的成品

5.2.3　预制竹纹外墙安装工艺

（1）设备选型

预制竹纹外墙的安装是本工程的一个最大难点。由于安装位置上部有檐廊板遮盖，导致常规吊装方式无法实施，对此问题建设方进行多方案研究比选，其间讨论了采用垂直方向滑移、水平方向滑移、定制移动支撑安装架等方式，但考虑到工效和安装精度等因素，均不是最理想的方案。后借鉴了物流行业应用较多的叉装车工况，设想了在预制板正面设置固定点，并定制固定支架，直接叉装推入的方式进行安装。在挑选叉装车的过程中，了解到某越野伸缩臂叉装车行程精度可控制到毫米级，并且头部属具可通过定制达到最小20cm以内的限高要求（图5-29），能够满足现场工况，最终通过BIM模拟和试安装，确定了该方案可行。

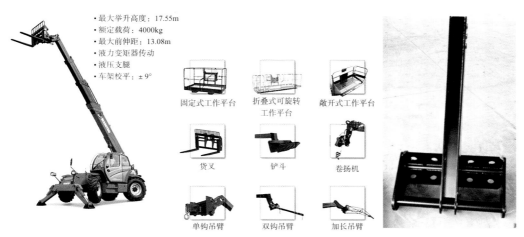

图5-29 某越野伸缩臂叉装车和定制属具

该叉装车自重约14t，最大举升高度17.55m、额定载荷4000kg、最大前伸距13.08m，液压支腿打开后总宽3.79m，至货叉架总长6.27m，总高2.45m，回转半径4m（图5-30）。

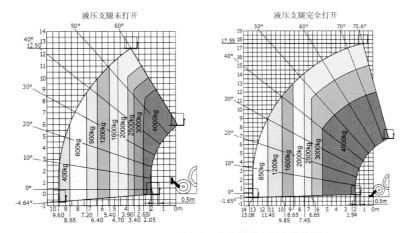

图5-30 某越野伸缩臂叉装车荷载-幅度曲线图

（2）工序流程

墙面钢制挂板牛腿角码安装→混凝土板运输至安装区域→一层混凝土板吊装至翻转平台→混凝土板翻转竖立→汽车式起重机起吊→叉装车将混凝土板推进至挂钩→混凝土板下降入钩→调节螺栓板块、准确就位。

（3）关键工序操作方法

1）预埋件在结构施工时进行预埋。挂板吊装前先进行测量放线并施工钢角码（图5-31）。

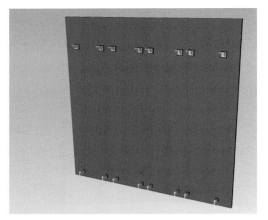

图5-31　钢角码施工完成模拟

2）在已完成界面剂、防水砂浆施工的基层墙体上（图5-32）进行保温岩棉板与防水透气膜施工。

图5-32　基层施工完成模拟

3）随后进行二次定位复核，安装钢连接件A，与钢角码采用螺栓固定并围焊（图5-33）。

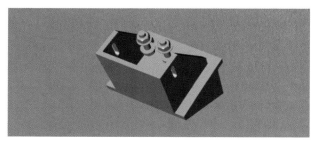

图5-33　钢角码上钢连接件施工完成模拟

4）预制挂板背负钢架上安装钢连接件B并用螺栓固定（图5-34）。

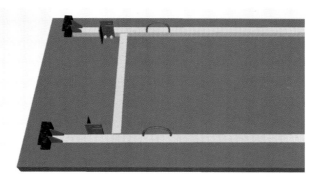

图5-34　预制挂板背负钢架上钢连接件施工完成模拟

5）采用高精度叉装车将挂板吊运至安装位置，并确保挂板底部限位件落槽（图5-35）。

图5-35　吊挂安装

6）钢连接件A与钢连接件B咬合，并调节左右板块间距（图5-36）。

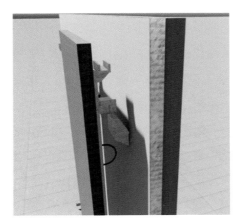

图5-36　吊挂节点安装模拟

7）安装钢连接件B上的顶起螺栓并进行毫米级精细调整（图5-37），确保上部两个挂钩的受力均衡以及板块之间的缝隙尺寸准确。

图5-37　吊挂节点调整模拟

8）最后采用限位螺栓将钢连接件A与钢连接件B连接（图5-38）。

图5-38　吊挂节点完成模拟

5.2.4　实施情况总结

从实际效果看，超大预制竹纹外墙挂板是成功的，在美学上体现了质朴、雅致的特点，与现浇清水混凝土外墙浑然一体（图5-39）。从建造过程看，安装是摆在建设方最大的一道难题，按照建筑行业常规做法和工具设备，这类有限空间的大型板块安装将是十分困难的一道工序，特别是建筑工程对设备的微动性能要求并不是很高，因此精度也欠佳。而通过特殊安装设备的使用，使得该问题得到了很好的解决，在3台叉装车的同步分区工作下，822块预制板耗时2个月全部安装完成，整体效果理想，板块保护到位，期间未出现一块破损更换现象，板块排板深化准确，也未出现一块因定位和尺寸问题造成的返工情况。

图5-39 超大预制竹纹外墙挂板实物系列照片

5.3
双曲面青铜瓦和铝镁锰板一体化屋面设计施工实践

5.3.1 应用概况和特点

青铜是金属冶铸史上最早的合金，是在纯铜（紫铜）中加入锡或铅的合金冶炼而成的，有特殊重要性和历史意义，与纯铜（紫铜）相比，青铜强度高且熔点低[加入25%的锡冶炼青铜，熔点就会降低到800℃。纯铜（紫铜）的熔点为1083℃]。青铜铸造性好，耐磨且化学性质稳定。青铜发明后，立刻盛行起来，从此人类历史也就进入新的阶段——青铜时代。

中国青铜器文化的发展源远流长，自龙山时代兴起，鼎盛于夏、商、西周、春秋及战国时期。青铜自古以来也一直应用于建筑中，在陕西凤翔县南的姚家岗宫殿遗址内，人们发现了曲尺形、楔形、方筒形、小拐头等多种类型的青铜建筑构件，这批青铜建筑构件表面一般都饰有蟠螭纹或蟠虺纹。郑州市西北的小双桥商代宫殿遗址，出土了2件整体近方形的青铜建筑构件，从平面来看是一个"凹"字，高18.5cm，正面宽18.8cm，侧面宽16.5cm，两侧面各有一个654.2cm的长方孔，壁厚0.6cm，重6kg，正面饰单线饕餮纹，侧面在长方孔四周为一组龙虎斗象图，龙虎栩栩如生，象为艺术变形，根据推断应是宫殿正门两侧枕木前端的装饰性构件（图5-40）。这一青铜建筑饰件，款型独特，纹饰复杂，是商文化中不可多得的精品。

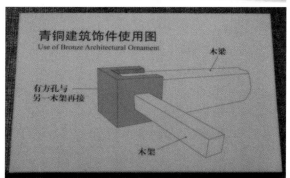

图5-40　郑州小双桥商代宫殿遗址出土的中国最早的"青铜建筑构件"

杭州雷峰塔则是现代铜雕建筑构件精品，金色的拱顶发出的光彩无比眩目，塔外部装饰采用铜饰，青铜色的瓦、红色的斗栱，都用现代铜雕工艺制成。除黄铜质地的斗栱、柱、枋外，雷峰塔塔顶覆盖着2万块锡青铜瓦，面积3500m^2。

杭州国家版本馆项目在南大门、主馆一区、明堂、水榭和观景阁屋面及封檐板采用了青铜板饰面（图5-41）。清水混凝土采用青铜板作为檐口压顶。单体应用面积最大的是在主馆一区屋面（图5-42），约4460m^2，最上层装饰面板采用40mm铜复合蜂窝板；中间层屋面板为0.9mm直立锁边铝镁锰合金屋面板（型号65-430、材质3004）、1.5mmPVC防水卷材；底板层为0.8mm镀锌穿孔压型钢板HV-840作支撑，上铺50mm厚吸声层、0.25mm隔汽膜、80mm厚保温层，压型钢板固定于120mm×60mm×4.0mm镀锌方管之上。

图5-41 青铜板饰面分布图

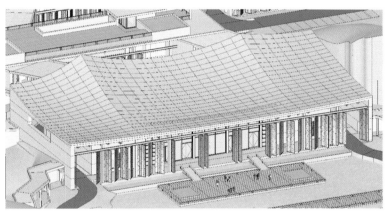

图5-42 主馆一区屋面效果图

主馆一区屋面结构形态拟合建筑造型，造型为非中轴对称的三段式双曲屋面（图5-43），北高南低，设有二道南北向屋脊线。其中北侧檐口由三段高低不同的曲线组成，至南侧檐口演变成为一条曲线，三维曲面异常复杂。

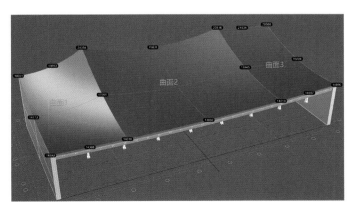

图5-43 主馆一区金属屋面三个双曲面示意图

由于屋面双曲的特殊性，铝镁锰屋面要保证防水、排水的施工难度大，精度要求高，在施工过程中需严格把控质量。

主馆一区金属屋面安装节点见图5-44。

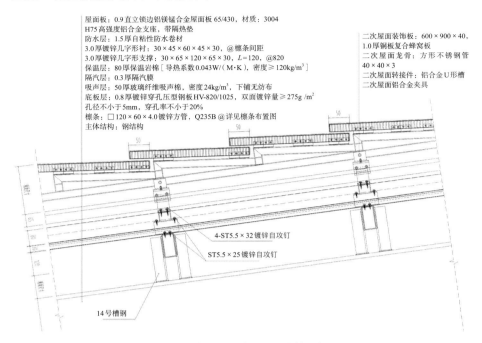

屋面板：0.9直立锁边铝镁锰合金屋面面板 65/430，材质：3004
H75高强度铝合金支座，带隔热垫
防水层：1.5厚自粘性防水卷材
3.0厚镀锌几字形衬：30×45×60×45×30，@檩条间距
3.0厚镀锌几字形支撑：30×65×120×65×30，L=120，@820
保温层：80厚保温岩棉［导热系数0.043W/（M·K），密度≥120kg/m³］
隔汽层：0.3厚隔汽膜
吸声层：50厚玻璃纤维吸声棉，密度24kg/m³，下铺无纺布
底板层：0.8厚镀锌穿孔压型钢板HV-820/1025，双面镀锌量≥275g/m²
孔径不小于5mm，穿孔率不小于20%
檩条：□120×60×4.0镀锌方管，Q235B @详见檩条布置图
主体结构：钢结构

二次屋面装饰板：600×900×40，
1.0mm厚铜板复合蜂窝板
二次屋面龙骨：方形不锈钢管
40×40×3
二次屋面转接件：铝合金U形槽
二次屋面铝合金夹具

4-ST5.5×32镀锌自攻钉

ST5.5×25镀锌自攻钉

14号槽钢

图5-44　主馆一区金属屋面安装节点

青铜屋面装饰面板采用1.0mm厚铜复合40mm厚蜂窝板，用铝合金U形槽及铝合金夹具固定于铝镁锰屋面板上。青铜屋面安装节点见图5-45。

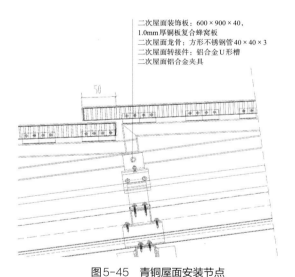

二次屋面装饰板：600×900×40，
1.0mm厚铜板复合蜂窝板
二次屋面龙骨：方形不锈钢管40×40×3
二次屋面转接件：铝合金U形槽
二次屋面铝合金夹具

图5-45　青铜屋面安装节点

杭州国家版本馆项目青铜瓦体量大、效果要求高，以最具代表性的主馆一区屋面为例，其具有以下特点及难点：

（1）主馆一区为该项目最为重要的单体，作为第五立面，多曲青铜屋面的实施效果将对整体建筑形态的展现起到至关重要的作用。

（2）为保证效果展现，该项目主创设计团队对于青铜屋面提出了一些控制性要求：南北檐口和屋脊上的曲线线形及标高须严格按照方案要求实施；青铜屋面由三个完整的双曲面组成，不得出现水沟、洞口等影响效果完整性的元素。

（3）复杂的空间多曲造型对于方案深化、测量下料、安装实施等提出了极大的挑战；在严格的效果控制要求下，多曲青铜屋面需兼顾防水、排水、节能保温等，以实现屋面整体功能的完整性，专业涉及面广，交叉碰撞多，融合攻关难度大。

5.3.2　青铜材料和工艺选择

金属屋面施工前，项目管理团队对屋面板的材质进行了选样工作，经过多轮次的材质试验后，确定为铜板表面采用高温预氧化着色工艺，使黄铜本色氧化成色彩质朴的青铜色，并且呈现出深浅不一的自然纹理（图5-46），此工艺由于工序复杂，耗时长并且颜色难控制，多用于精品铸铜工艺品的表面处理。

图5-46　选定的铜样品

5.3.3　设计深化和施工情况

5.3.3.1　深化设计

（1）屋面构造层次

按照建筑方案效果要求，采用装饰屋面与结构屋面分离的做法，青铜瓦仅作为屋面装饰层；鉴于大跨度、大面积、双曲面的特点，为实现屋面功能完整，综合考虑采用钢结构+铝镁锰合金屋面+青铜瓦饰面的总体构造，兼顾结构成型、防排水、保温节能和屋面线形；青铜瓦采用开缝拼装方式，板块构造为铜板结合蜂窝板。

屋面各层构造情况（图5-47、图5-48）如下：

面层装饰板为1.0mm厚铜复合40mm厚蜂窝板，采用铝合金U形槽及铝合金夹具固定于铝镁锰合金屋面板上；

中间层屋面板为0.9mm厚直立锁边铝镁锰合金屋面板（型号65-430、材质3004）、1.5mm厚PVC防水卷材；

基层为0.8mm厚镀锌穿孔压型钢板及120mm×60mm×4.0mm镀锌方管，上铺50mm厚吸声层、0.25mm厚隔汽膜、80mm厚保温层；

最底层为屋面钢结构。

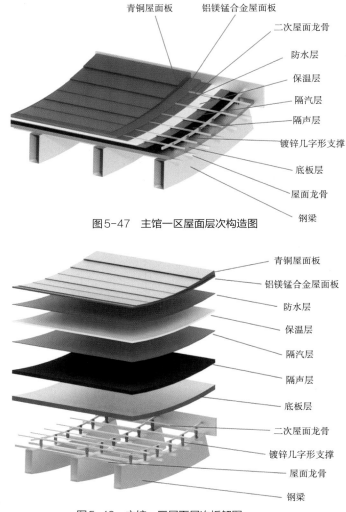

图5-47 主馆一区屋面层次构造图

图5-48 主馆一区屋面层次拆解图

（2）青铜瓦安装方式

针对青铜屋面系统做法进行多轮的研讨深化，确定采用铜板结合蜂窝板的开缝拼装方式，取代最初的铜板锁边方案（图5-49～图5-51）。

传承宋韵　文润东方
中国国家版本馆杭州分馆工程创新与实践

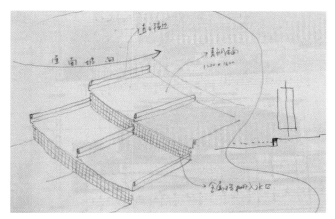

图5-49　主创设计团队青铜屋面构造手稿

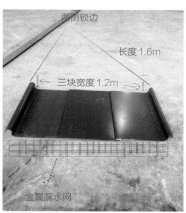

图5-50　屋面做法初步方案

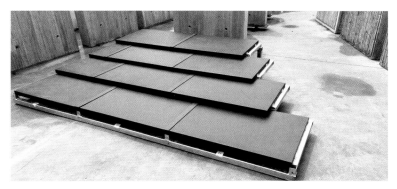

图5-51　屋面做法确定方案（样板）

（3）青铜瓦排板深化

主馆一区和南大门均为双曲屋面，尤其是主馆一区采用三段式双曲屋面。项目采用BIM技术对屋面进行深化设计，拟合金属屋面和钢结构屋面，采用600mm×900mm的标准板进行深化排板；山墙及屋脊处采用非标准板，建立全专业的BIM模型，进行深化出图后指导现场施工，尤其是曲面标高控制。

以最为复杂的主馆一区双曲异形屋面为例，采用BIM技术，经现场测量钢结构屋盖后，建立BIM模型，所有施工内容和数据均在BIM模型中模拟和获取，用以指导施工。

根据常规筒瓦尺寸（900mm×600mm）和建筑南北向的东西山墙上曲线长度、东西屋脊线长度，将筒瓦进行分块排布。按6m为一段，输出每个端点的三维空间坐标和每段的拱高。

把整个屋面划分为东曲面、中曲面和西曲面三个曲面，每个曲面由中心点向四周排布筒瓦和龙骨，在东西山墙线和东西脊线处会产生750个规格的筒瓦（图5-52中红色区域），对尺寸相似的筒瓦进行合并，最终不规则筒瓦类型数合计256个。

最后对各类型规格筒瓦逐块展开绘制图纸，辅助下料加工。

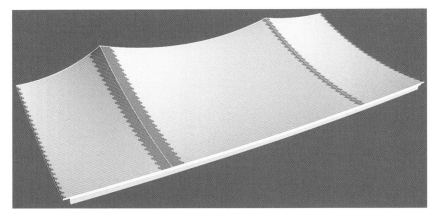

图5-52　主馆一区屋面筒瓦排板深化图

（4）屋面线形与构造功能的优化融合

主馆一区屋面结构充分拟合建筑，钢屋盖与金属屋面、青铜屋面线形统一，在深化设计过程中发现了多处碰撞点，其中最突出的是以下两点：①关于预留厚度空间问题：根据铝镁锰金属屋面+筒瓦屋面的实际各层次构造，常规需预留600mm厚度空间；然而通过Tekla、Rhino软件建模分析建筑完成面与结构上表面的标高差值，发现可用高度空间为200～400mm，难以满足构造要求，需进行适当抬高。②关于排水问题：在进行屋面排水深化时，考虑增加排水安全性和冗余度，最大限度减少南檐口雨水外冲的可能，宜将南檐口弧线整体抬高，并适当降低拱高。屋面汇水分析模型见图5-53。

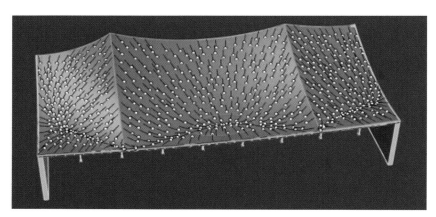

图5-53　屋面汇水分析模型

然而将屋面简单直接地整体式抬高，会影响建筑整体比例协调，尤其是弧线弧度的调整，对于屋面的线形表现有较大影响。如何最大限度地寻求两方融合，是深化攻关的方向。经专项研讨，主要从构造做法调整、南檐口排水优化、屋面整体排水统筹三个方向入手，形成屋面体系的优化解决方案，最终建筑南檐口线整体上移150mm，北檐口线整体上移350～500mm，如此达成了建筑形态与构造功能的合理统一。

1）构造做法调整

采取非常规做法，取消檩托，并将金属屋面的主次龙骨安装方式进行调整，由原来的设置于钢屋盖之上调整为安装在钢梁侧面，以此来降低屋面体系构造高度。

2）南檐口排水优化

南檐口的排水优化以尽可能减少雨水外冲为原则，将排水沟外折至隐患点以减少外冲汇水面，并增设辅助排水沟，其中西屋脊线区域设置一主两副三道水沟，东屋脊线区域设置一主一副两道水沟，最大限度截断檐口外冲水量。

3）屋面整体排水统筹

在有限的厚度空间内，为充分保障排水能力，将常规的600mm水沟宽度调整为800～1000mm，并在合理位置设置溢流口；按东、中、西三段双曲弧面，分别设置虹吸雨水系统；另将原预留的两根重力式排水管改为虹吸雨水管，进一步增强排水能力（图5-54）。

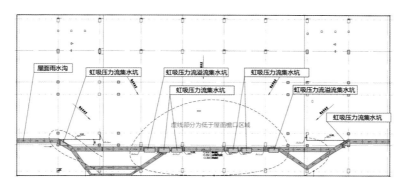

图5-54　屋面排水体系示意图

5.3.3.2　施工工艺

（1）钢屋盖实测实量

主馆一区屋面钢结构充分拟合多曲造型，空间定位复杂。采用三维激光扫描仪对屋面钢梁进行测设（图5-55），实测结果表明钢结构线形、标高与设计图基本吻合，其中最大偏差+42mm，平均偏差28.4mm，均为正偏差，偏差波动较小，通过梁侧安装龙骨可有效消化上述偏差。

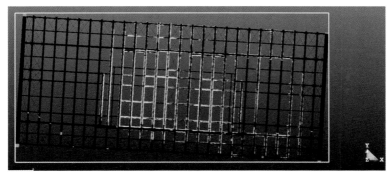

图5-55　屋面钢梁扫描拟合模型

（2）测量放线

现场点位控制网布设：使用全站仪自由建站，复测屋面轴线及标轴，并导入3D模型中，将原3D图中的坐标数据转换为全站仪实测点的坐标数据，经复核、消化偏差无误后开始观测。

全站仪架站完毕，得到中心线、四圈檐口线、两条脊线的3D坐标数据后，即可观测出坐标数据的实际位置。

保留全站仪架站点，在安装过程中定时校核，以确保双曲屋面的各个定位点位置正确。

（3）青铜屋面龙骨安装

根据对铝镁锰屋面的定位测量，得出铝镁锰屋面与青铜屋面龙骨的间距高度，通过全站仪放样，确定青铜屋面龙骨标高的位置无误。

龙骨找平、调整：主梁的垂直度可用水平仪，平面度由两根定位轴线之间所引的水平线控制。

第1层南北向青铜屋面龙骨打孔由专业厂家打孔，根据铝镁锰屋面锁边的基座间距进行分类标记，再对龙骨进行打孔加工。打孔完成的龙骨，根据现场铝镁锰立边拱高进行弯弧，经二次复核无误后方可进行安装。

第2层东西向龙骨，每6m一段根据理论拱高弯弧后标记。先采用全站仪打出第2层东西向龙骨的5条定位线（东西山墙端点、两条脊线、中心线），复核确定无误后，再打出每一根东西向龙骨端点的点位——点位均根据理论模型生成，确保龙骨安装的准确度。

第3层南北向7字形龙骨在确保第2层龙骨安装准确的前提下，现场按理论图纸结合瓦片尺寸确定间距后焊接，详见图5-56。

图5-56　龙骨排布示意图

采用6m长为一个龙骨的标准段，根据BIM模型生成每段的拱高，现场弯弧后每段端点位置由全站仪定位后焊接，东西曲面由山墙面向屋脊安装，中间曲面由中心线向屋脊安装（图5-57）。

图5-57　龙骨现场安装效果图

（4）青铜屋面板制作与安装

青铜屋面板：标准板块为900mm×600mm×40mm、厚1.0mm铜板复合蜂窝铝板；其余非标准板块在现场实际测量后结合图纸进行下料加工。青铜屋面板的安装节点图及制作流程图如图5-58、图5-59所示。

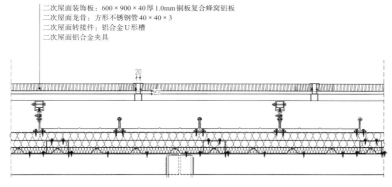

图5-58　青铜屋面安装节点图

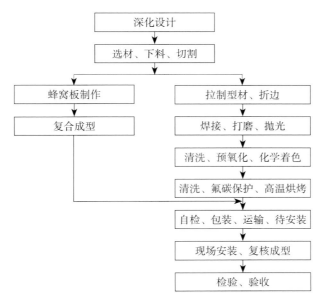

图5-59　青铜屋面的制作流程图

（5）盖缝板制作与安装

盖缝板：3.0mm铜板。青铜屋面板之间留缝20mm，盖缝板宽50mm，打胶固定。盖缝板安装节点图及制作流程图如图5-60、图5-61所示。

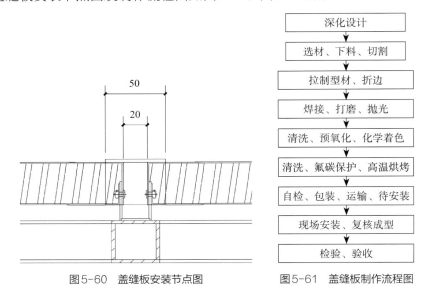

图5-60 盖缝板安装节点图　　　　图5-61 盖缝板制作流程图

（6）檐口板制作与安装

檐口板：1.0mm黄铜内衬20mm蜂窝铝板、20mm×20mm×1.2mm不锈钢管；不锈钢管与铝镁锰龙骨采用角码螺栓固定。安装前，需对铝镁锰龙骨和檐口板完成面位置进行测量复核，得到误差值；固定时采用角码来调整误差。安装采用从中心线开始，往两边安装的顺序。檐口板的安装使用直臂车、起重机配合吊装的方式。檐口板安装节点图及制作流程图如图5-62、图5-63所示。

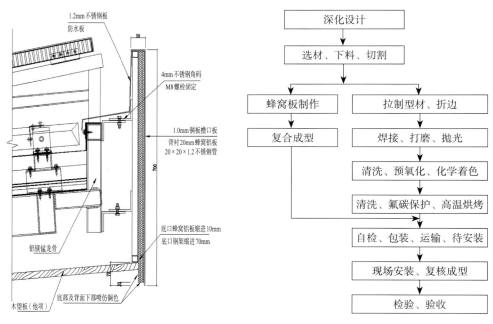

图5-62 檐口板安装节点图　　　　图5-63 檐口板制作流程图

檐口板采用1.5mm黄铜内衬蜂窝铝板，背衬不锈钢转换件固定于主钢架上。檐口板总长90m，最大高度1.55m，以6m为一段进行制作和安装施工，为确保安装的平整和精确，每段端点均由全站仪定位后安装。

5.3.4　实施情况总结

双曲青铜屋面施工在深化设计、现场测量和加工制作方面有诸多难点，特别是在测量和下料方面，受到曲面测量难的影响，以往工程实际施工精度与图纸总存在一定的偏差，难以精确映射。得益于近年来日趋先进和成熟的专业软件和先进的激光扫描放样设备，深化和测量精度得到极大的提升，同时也使安装过程可能出现的问题，在深化阶段就能通过BIM技术得以发现并解决。其中最有代表性的是主馆一区南侧檐口的不对称弧线，通过多轮模拟和计算，以及现场的精确放样，做到在保证圆弧线形满足设计要求的同时，屋面标高、封檐板高度、屋面有组织排水和虹吸雨水等同样满足要求，最终平衡地实现了建筑效果和建筑功能（图5-64）。

图5-64　双曲青铜屋面实物系列照片

5.4
数字化建造技术应用研究和探索

随着新一轮科技革命和产业变革向纵深发展，以人工智能、大数据、物联网、5G和区块链等为代表的新一代信息技术加速向各行业全面融合渗透。2020年发布的《住房和城乡建设部等部门关于推动智能建造与建筑工业化协同发展的指导意见》提出，到2025年，我国智能建造与建筑工业化协同发展的政策体系和产业体系基本建立，建筑工业化、数字化、智能化水平显著提高，建筑产业互联网平台初步建立，产业基础、技术装备、科技创新能力以及建筑安全质量水平全面提升，劳动生产率明显提高，能源资源消耗及污染排放大幅下降，环境保护效应显著。建筑业转型升级全面启动，建筑行业开始了数字化革新，企业开始了相关工作的研究和探索。

就杭州国家版本馆项目而言，创新的建筑结构设计、复杂的建设环境和超高的建设目标对建设管理提出了重大挑战。传统技术与管理模式已经难以解决全部问题，数字化的创新管理手段对项目建设发挥了重要作用，不少技术问题的解决和管控手段的落地得益于数字化管理手段的应用，其中较为突出的成果包括了BIM技术的深度应用、无人机测绘、激光扫描、智慧工地管理系统。

5.4.1　BIM土建应用

突出效率当头，协调各方资源。本项目工期紧，任务重，尤其是后期多专业协同较难，传统的基于纸质二维图纸的方式往往存在大量工程数据易丢失，带来极大的信息重复建模成本等缺点，难以满足工程大型展馆施工、数据管理和共享需求，利用BIM技术，研究如何实现参建各方信息共享，建立BIM资源管理平台，实现工程各阶段数据的充分利用与高效共享，协同设计、业主、施工、监理的信息管理，使相同的工程信息被有效高效地传递，提高了工程协调效率，可极大提升信息化管理水平。

突出成本为先，分类分层出效益。在设计阶段通过BIM技术对模型进行各专业碰撞检查（图5-65），累计发现问题500余处，及时反馈给设计团队，并进行施工方案优化等，减少由此产生的变更申请单，避免后期施工因图纸问题带来的停工以及返工，不仅可提高施工质量，确保施工工期，还节约了大量的施工和管理成本，也为现场施工及总承包管理打好基础，创造可观的经济效益。再结合BIM技术的可视化对施工管理人员及施工人员进行施工过程与方法模拟现场三维交底，使现场施工不再仅仅依靠平面图纸，提高认知度，避免因理解不当而造成返工现象，加快施工速度，提高现场工作效率。

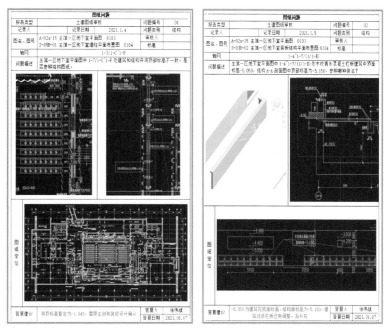

图5-65　图纸问题示例

突出实用立本，克难攻坚解难题。在模型上，整体建筑、结构、机电更新4版，山体库建筑、结构更新3版，北区地下室建筑、结构更新14版，机电整体更新3版，幕墙整体更新1版，装修更新1版，根据联系单修改模型每单体修改上百次。本项目建筑造型复杂、形式多样，利用BIM模型研判空间关系，合理划分施工区段，有效完成主馆一区～主馆五区施工流程图（图5-66）。另外，南大门双曲屋面

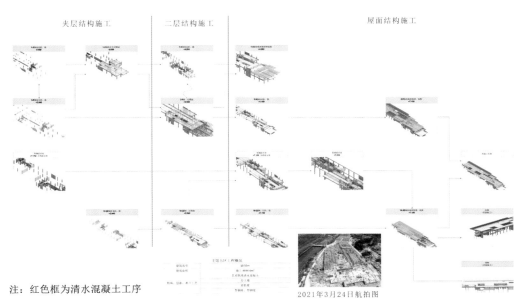

注：红色框为清水混凝土工序

2021年3月24日航拍图

图5-66　主馆五区施工流程图

木纹清水混凝土面板结构复杂，在标高控制、模板拼装拼缝间隙控制等存在极大的难度，项目技术团队通过BIM精确建模、变形分析控制逐一导出立杆长度（图5-67），通过三维扫描仪对南大门进行点云建模复核现场南大门屋面的点位标高偏差大小，给予有效的解决方案。

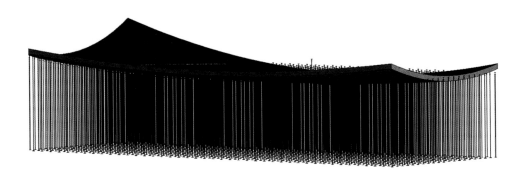

图5-67　立杆模型

突出精准贯穿，严谨有序促规范。（1）由于大观阁造型复杂，清水混凝土体积量较大，要求一次成型，工艺要求较高，木工班为此犯了难，通过与该项目数字化团队合作，共同寻找出解决方案。最终选用BIM+3D打印技术，通过BIM模型进行等比例缩放，同时按照构件形式进行3D打印，对不同楼层的构件通过颜色进行区分，后续通过施工顺序进行快速拼装，使施工人员清楚了解施工难点，更加合理地优化施工顺序，避免了由于施工不当造成返工现象。（2）在工程算量时，采用BIM对回填土进行快速建模，得到有效的回填土用量，使项目决策者提前判断回填土用量，有效控制成本，解决现场回填土计算比较困难、普通方式测量较慢这一问题。（3）由于本项目木结构较为复杂，通过BIM技术对木结构进行施工模拟，提前发现问题及难点，解决了在施工中出现的问题，提高工程质量，减少返工现象。（4）在一些复杂节点上，通过主馆五区井字梁钢筋节点深化及井字梁钢筋施工模拟、南大门牛腿柱节点深化、钢筋节点深化模型、主馆一区钢结构牛腿深化和柱子梁牛腿的节点深化模型，南大门山墙支模体系施工流程图及施工模拟，斜柱、密肋梁、支模体系施工流程图及施工模拟、主馆二区三棵松树脚手架模型施工模拟、主馆五区夯土墙节点深化、水阁钢筋节点深化模型、幕墙龙骨深化模型等（图5-68～图5-71），对项目现场人员进行交底工作。（5）南大门双曲清水混凝土屋面钢梁如何定位，如何复核双曲屋面偏差，成了项目的一大难题，为了解决这一问题，采用三维激光扫描仪对南大门双曲屋面进行扫描，再与模型进行融合对比偏差结果，有利于项目对后续的工作方案进行及时调整，减少误差引起的返工。

图5-68　水阁深化模型

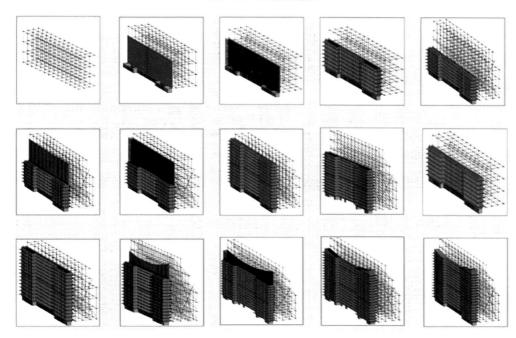

图5-69　南大门山墙支模体系施工流程图

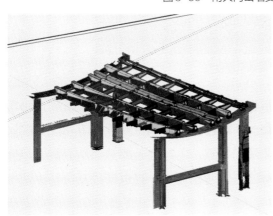

图5-70　南大门双曲清水混凝土屋面钢梁模型

图5-71　主馆一区钢结构牛腿深化模型

5.4.2　BIM机电安装应用

第一时间规划，了解项目建设所急所需。冷冻机房及锅炉房为基于BIM技术的装配式机房，采用1:1尺寸建立机电模型，所有设备及阀门附件均与实际安装尺寸一致（图5-72、图5-73）。冷冻机房总体面积小，设备管线复杂，整体排布施工难度大，经过反复论证修改确定机房整体排布方案。北区地下室书库及走廊区域整体管线密集，主要通道对管线净高有硬性要求，经过与设计、监理等单位多次开会讨论，优化确定整体排布方案。考虑施工进度及观感质量，地下室采用成品支吊架。车库区域存在局部管线密集情况，需要综合考虑吊顶区域及集装箱货车通道问题，经过多次开会讨论，最终确定管线排布方案。

图5-72　锅炉房模型

图5-73　冷冻机房模型

第一时间研究，回应项目建设所望所盼。主馆一区地下室走廊管线密集，吊顶高度要求严格且两侧墙体主要为清水混凝土，经过设计、施工及监理等单位多次讨论修改后，最终确定管线排布方案及相关留洞位置。主馆地上部分清水混凝土及夯土墙区域较多，对机电管线排布及点位洞口预留要求较高。机电管线及设备深化难度大，经过反复修改论证确定管线留洞位置尺寸。对于清水混凝土留洞、夯土墙留洞、二次结构留洞、钢结构留洞，根据机电BIM模型深化，以CAD的形式先通过设计团队复核，确认吊顶标高及洞口数量位置正确后再发送给各个单位进行留洞，避免现场安装二次开洞，降低人工消耗。

第一时间梳理，解决项目建设所思所想。地下室山体库B5采用综合支架，需要机电BIM深化每个支吊架位置及剖面管线做法距离，其他区域综合排布密集处支吊架深化时，将所有支吊架以CAD形式发给安装单位，避免各个专业单独做支架的情况，保证现场的支吊架美观，减少不必要的材料消耗。所有机电排布通过机电BIM模型分专业出图，出图包括管线排布、标高及重要节点处的剖面、净高分析。通过BIM深化可以使现场综合排布美观，解决碰撞问题，满足吊顶高度，减少材料消耗，降低人工消耗，避免二次返工。与设计对接清水混凝土、夯土墙管线位置，优化管线满足吊顶条件。

5.4.3　无人机应用

严把基础资料关。倾斜摄影模型共计31次，山体库6次，五十亩地2次、主馆二区4次，内存共计3600G。在2021年6月份，技术部门提出航拍增加点位，从28处增加到40处，累计共6532张照片，每天航拍制作720云全景图（图5-74），提供给业主、主创设计团队、EPC单位等使用。

图5-74　720云全景图

严把结果运用关。由于崖壁测量难度很大，现有市场测量设备难以测量及算量。通过倾斜摄影三维实景模型辅助设计对山体库崖壁进行定位，并导出CAD崖壁轮廓线图纸，通过与BIM模型结合，辅助设计、施工复核山体库与崖壁的定位和山体库塔式起重机选型。普通测量方法无法对凹凸不平崖壁上的防护网面积和挡石条进行长度测算，采用无人机技术，通过三角网形式对实景模型防护网进行面积和挡石条长度测算，并给出相关数据证明用于结算。通过倾斜摄影对主馆二区内三棵树进行实景建模，完成主馆二区内三棵树的定位并辅助设计完成主馆二区的修改，三棵树实景扫描模型和BIM支模体系结合，辅助施工复核支模体系可行性（图5-75～图5-78）。

图5-75 现场实景

图5-76 模型效果

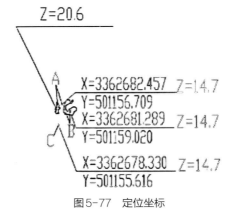

图5-77 定位坐标

图5-78 三棵树实景扫描模型

　　结构施工完成后，山体库东侧与山体过渡结合段不够自然。为解决这一问题，项目数字化团队提出用无人机摄影技术加BIM技术，通过BIM模型加山体库倾斜摄影分析（图5-79、图5-80），对山体库的方案进行修改，该解决方案获得主创设计团队的支持，使建筑效果更加完美。

图5-79 施工复核山体库与崖壁的定位

传承宋韵　文润东方
中国国家版本馆杭州分馆工程创新与实践

图5-80　山体库倾斜摄影

5.4.4　智慧工地

早布局，提升智慧工地前瞻性。本项目是为数不多具备20多项"智慧工地"应用的项目，也是"数字化"项目发展的引领和探索工程。前期便对本项目进行智慧工地策划，尤其是视频监控现场部署，提前根据现有场地布置图纸进行10余次的视频监控，最终在现场布置了42个摄像头，实现了借助移动端和智慧工地大屏对现场安全进行全面监控，有利于及时掌握现场生产情况。本项目清水混凝土量大清水混凝土审核流程较为繁琐，需要多方确认，严重影响施工进度。针对这一问题，通过召开一系列讨论会，最终决定开发清水混凝土微信小程序，将线下流程转移到线上（图5-81），极大缩短时间。智慧工地小程序的机械检查、质量管理、施工日志、安全管理等六个模块的开发，辅助了现场施工人员、质量员、安全员的工作（图5-82）。

深挖掘，提升智慧工地指导性。（1）智慧工地公共平台（图5-83、图5-84）部署到现场，监控大厅配备监管大屏，可以从人员、物料、机械、场地、项目管理五个模块分别查看大屏数据和系统内二级界面数据。（2）生活区WiFi连接需要对安全教育题目进行回答，分数高于60分即可连接上网，分数越高网速越快，后台自动统计错误率并定期更新题库，对错误率高的问题在集中培训时重点交底。（3）提供行为分析设备，测温、安全帽检测等设备，辅助现场施工安全管理。（4）实时进行吊钩高度的采集，并根据采集的高度进行高清摄像头变焦控制，同时把变焦后的图像显示在驾驶舱的吊钩可视化主机上。塔式起重机司机全天候通过驾驶室吊钩可视化主机屏幕实时查看吊钩运行视频，解决了施工现场塔式起重机司机视觉死角、远距离视觉模糊、语音引导易出差错等难题，从而减少安全事故，并降低人力成本。（5）本项目采用的劳务管理系统由四个子系统组成，通过后台规则设置将人员入场审核、安全教育、工资发放、宿舍分配、诚信黑名单等劳务管理规则进行详细设

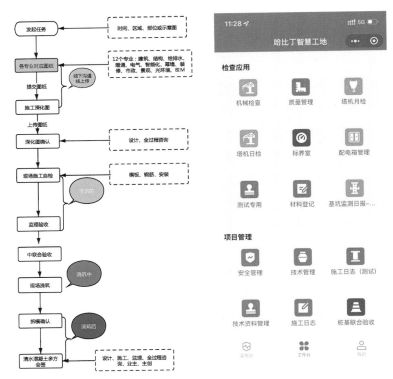

图5-81 清水混凝土审核流程图　　　图5-82 智慧工地小程序

图5-83 智慧工地公共平台（一）

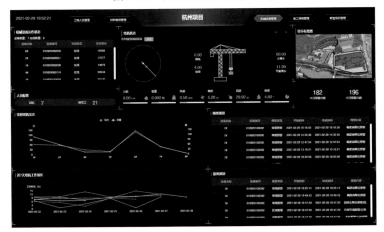

图5-84 智慧工地公共平台（二）

置。工人的考勤信息、场内定位、消费情况等信息通过现场布设和工人佩戴的智能硬件实时上传至管理系统，对发生的违规行为可以及时纠正，防止出现用工风险。（6）有效监控建筑工地扬尘和噪声污染，建设绿色环保建筑工地，布设施工现场环境自动监控系统尤为重要。同时在施工过程中环境的不确定因素、机械设备的不安定可能、支撑系统的不稳定状态随时可能对施工安全形成风险，传统依靠人去检查的方式存在检查频次不足、检查不到位、信息传递不及时等问题。现在通过智能硬件实时监控关键数据，一旦超出预警值立即报警，可把安全风险掐灭在萌芽状态。（7）智能水电监测子系统采用先进的物联网技术，通过对工地现场水表、电表计量数据实时上传，方便对工程能源消耗高效把控，减少水电资源的浪费。同时结合后台大数据的分析，精确控制能源的消耗，达到绿色节能的目的。（8）物料称重智能管理系统实现了项目现场物料及车辆的全方位精益管理，运用物联网技术，通过地磅的智能化改造，实现数据自动采集，抑制数据的人为干扰；运用数据集成和云计算技术，及时掌握一手数据，有效积累、保值、增值物料数据资产；运用移动互联技术，随时随地掌控现场，实现可视化决策。

强服务，提升智慧工地实用性。为解决项目现场的测温及佩戴口罩问题，通过摄像头对现场进出场人员进行测温并对其是否佩戴口罩进行检测，在防控疫情方面起到至关重要的作用。平急模块箱是一款自研产品，可以结合现有项目临时用房需求，在平时和应急两种情况下快速转换使用。平急模块箱在项目现场完成搭建并投入使用，如遇紧急情况，可以迅速拆卸、折叠、调运、集结到最需要的地方，并预留弹性设计空间，可按需求快速增加设备通道模块和卫浴模块等。

5.5
基于"零误差"设计理念的节点做法与误差控制探索和实践

5.5.1 研究实践背景

在常规建筑工程中，结构一般为建筑的骨肉，而装修为皮，装修通过各种手法来包裹结构面，而结构需要尽可能拟合建筑，减少装修的二次结构工程量。杭州国家版本馆项目由于清水混凝土、夯土墙等做法的存在，以及主创设计团队对装修做法的要求，结构和装修的界面并不像常规建筑这么明显，多数部位装修材料会与结构直接衔接，而不是遮盖，甚至不同材料之间的打胶做法也严格受控，基本不被选用。装修材料作为工业化生产材料，尺寸偏差往往很小，比如金属线条、饰面板、瓷砖等，不管是边还是面，材料本身都基本可以做到零偏差，而结构作为现场人工操作的产品，尺寸偏差难以完全避免。以上情况会产生两个难点，首先是结构偏差无法通过装修来消除，其次是装修材料的标准化尺寸反而可能放大结构的偏差。如何控制这些交接点，尽可能减少误差是策划和管理的重点。

"零误差"并不是指真的没有误差，而是通过合理的测量、放样、排板、深化和做法调整来实现误差影响的最小化。项目建设将误差控制分为两种情况，第一种是通过材料、工艺、员工培训等手段来减小误差，我们称为狭义上的"零误差"控制；第二种是在前面的基础上进一步深化设计方案、优化技术措施来整体提升建筑效果，降低误差造成的影响。

5.5.2 狭义上的"零误差"理念探索实践

狭义上的"零误差"更多的是要求建设者认真对待每一道施工工序，针对本工程的特点，对于如清水混凝土、夯土墙、木结构等一次成优的活，需要严格做好全过程质量策划和管理。但建设过程中，对管理的颗粒度是有所区别的，以清水混凝土举例：对于大面积清水混凝土墙板、顶棚等建筑单元，若没有建筑做法与之强衔接，则精度控制可按照清水混凝土相关规范要求的误差来控制诸如垂直度、平整度等偏差值，少量的偏差爆点不影响整体效果；但对于预留门洞口、窗口、内凹踢脚线，预留安装末端点位等，必须严格控制误差值，一旦出现偏差爆点，也就意味着这个单元留下了永久的缺陷。

这类误差控制的工艺较为典型的案例如下：

（1）清水混凝土门洞口和门套（图5-85、图5-86）

项目清水混凝土上共有约89个门洞口，73个窗或幕墙洞口。根据设计的收边方式，洞口的混凝土与建筑门窗直接衔接，对接缝要求不进行过度遮盖，使得清水混凝土线和装饰线泾渭分明。

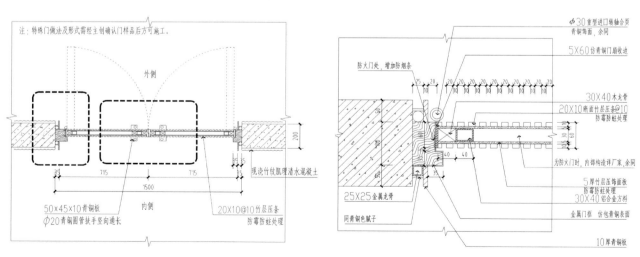

图5-85 门套做法CAD示意图

传承宋韵　文润东方
中国国家版本馆杭州分馆工程创新与实践

图5-86　清水混凝土门洞口照片

（2）主馆一区报告厅清水混凝土内凹踢脚线（图5-87）

主馆一区报告厅区域墙面均为竹纹清水混凝土，踢脚线位置装修铺装面层嵌入，实际显露完成面为15mm×15mm内凹光面清水混凝土踢脚线，区域内的墙板要配合台阶、斜面做好配模深化，使得混凝土一次成型，保证踢脚线的基本效果。

图5-87　清水混凝土内凹踢脚线照片

（3）清水混凝土与玻璃幕墙边框（图5-88、图5-89）

项目幕墙体系采用的是钢龙骨，并采用精密级要求的精制钢来实现更好的感官效果，这种精制钢龙骨在加工过程中采用了激光切割、数控焊接、数控铣削、数控打孔，使其具有极高的安装精度。与门洞口做法类似，幕墙的边框即龙骨与混凝土是平接关系，需要清水混凝土达到一次成优的精准尺寸。否则在幕墙龙骨映衬下，会放大混凝土洞口的尺寸偏差，甚至影响幕墙的安装。

（4）清水混凝土与夯土墙（图5-90、图5-91）

夯土墙和清水混凝土共有的特点是均需要一次成优，后期修补难度极大，任何修补处理都会留下与周边格格不入的"痕迹"，影响感官效果。而夯土墙的基础考虑防水要求，基本采用肌理清水混凝土翻边，并需要与地面铺装材料、踢脚线等进行结合，不仅要求混凝土翻边基础精细控制平面尺寸和长度方向的线形偏差，夯土墙与翻边接口不出现级差、平整自然，还要求装修铺装和踢脚线标高控制到位，施工难度大大增加。

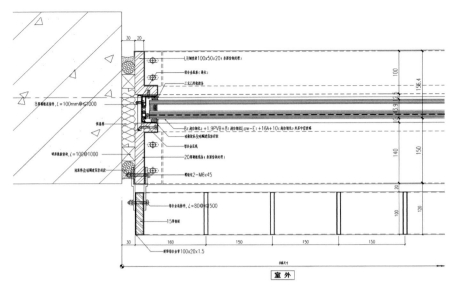

图5-88 幕墙节点图

图5-89 清水混凝土与玻璃幕墙边框照片

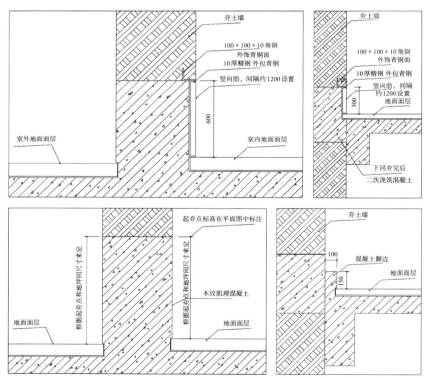

图5-90 部分翻边、踢脚线与夯土墙节点图

传承宋韵 文润东方
中国国家版本馆杭州分馆工程创新与实践

图5-91 清水混凝土与夯土墙接口照片

（5）夯土墙与钢龙骨（图5-92、图5-93）

夯土墙的内部设置有钢龙骨立柱，形状为十，并兼作分缝；夯土墙的门窗洞口均采用钢板围合收头，顶部采用钢板压顶。由此使得钢构体系也成为夯土墙整体施工质量感官效果的一个组成环节，钢龙骨立柱与清水混凝土翻边一起成为夯土墙施工的前道工序，而门窗洞口的收头钢板、水平分缝钢板等需与夯土墙穿插施工。各道工序均需要严格控制精度，才能确保最终产品的精度彼此协同。

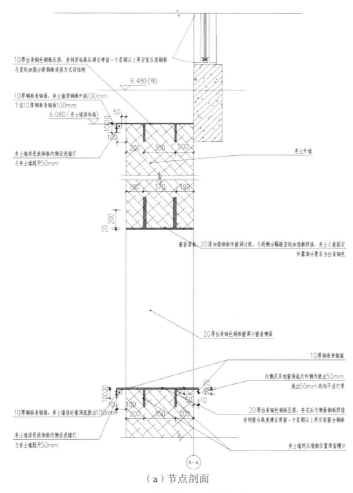

（a）节点剖面

图5-92 夯土墙与钢龙骨节点图

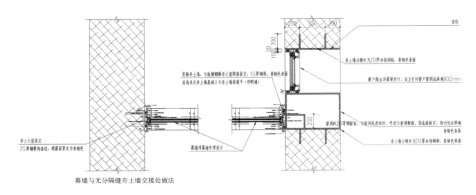

（b）节点平面

图5-92　夯土墙与钢龙骨节点图（续）

图5-93　夯土墙与钢龙骨照片

（6）钢吊索的定位安装（图5-94、图5-95）

杭州国家版本馆项目在主馆一区走马廊、游廊和二区廊桥采用了钢吊索结构。主馆一区走马廊钢吊索穿越木构体系，一端固定在屋面钢结构上，另一端张拉固定在走马廊上，共491根。主馆二区廊桥钢吊索数量更多，达到508根，采用ϕ10不锈钢钢绞线，间距100mm，一端固定在清水混凝土屋面，另一端张拉固定在廊桥上。其间SU模型和Revit模型的彼此配合，很好地解决了设计定位问题，通过现场施工的精确定位控制，确保了钢绞线施工质量和效果。

图5-94　钢吊索模型

图5-95　钢吊索照片

（7）屋面预制板与墙面预制板接缝（图5-96、图5-97）

杭州国家版本馆项目大量采用预制板作为立面和非上人屋面区域的装饰面，其中外立面为预制竹纹挂板，单块面积为$12m^2$左右，重2.8t；屋面为预制木纹板，单块面积$6.3m^2$左右，重1.5t。由于板块的质量和平面尺寸较大，对平整度、板缝尺寸控制带来很大的难度。

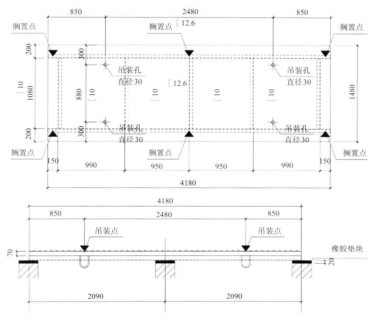

图5-96　屋面预制板构造图

图5-97　屋面预制板照片

（8）扶手栏杆预留安装孔（图5-98、图5-99）

杭州国家版本馆项目大量采用清水混凝土为主元素的现浇栏杆，类型多样，形式相近，在栏杆柱的扶手等节点部位设计精妙，由于栏杆为通长设计，故对施工精度控制要求很高。

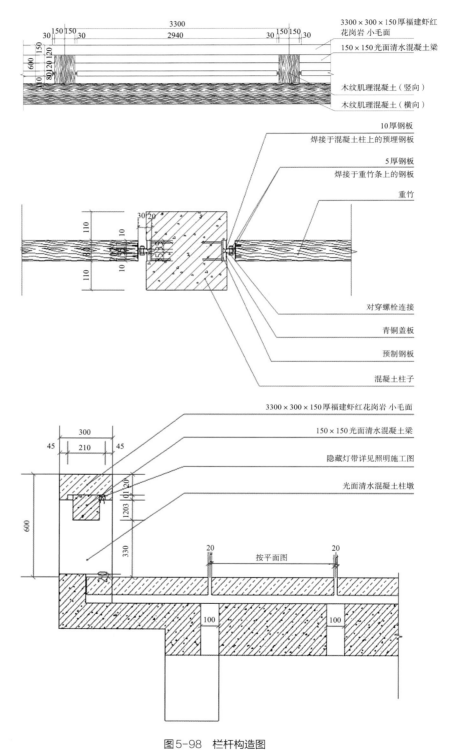

图5-98　栏杆构造图

图5-99 栏杆照片

5.5.3 广义上的"零误差"理念探索实践

广义上的"零误差"控制是指通过设计深化和技术优化手段，积极利用诸如BIM技术、无人机、激光扫描仪等数字化技术和设备来提升整体施工质量。创新的管理模式和作业方式使得很多对质量控制难度极大的分部分项工程取得了良好的效果，解决了传统体系下质量控制的难点问题。前文提到的诸如清水混凝土、夯土墙、青瓷屏扇、青铜屋面等难点工艺或创新工艺的成功实施均有赖于此。以南大门和山体库为例来进行说明。

（1）结构非拟合建筑的双曲屋面施工精度控制——南大门屋面系统

杭州国家版本馆项目南大门作为项目的主入口，是最为重要的一个附属用房，其建筑面积为570.92m²，双曲屋面最高点为13.1m，最低点为8.4m，中部大厅通高，两侧为2层后勤办公用房。结构形式为框架混凝土结构，外露面均为木纹肌理清水混凝土，屋面部分区域采用实腹钢梁。

南大门的建筑结构非常有代表性，除了夯土墙以外，双曲混凝土屋面、双曲钢结构屋面、青铜屋面、吊挂钢木桁架、预制竹纹挂板、青瓷屏扇等均在南大门得到应用，是一个极好的样板工艺段。从施工精度控制方面来看，双曲屋面体系无疑是其中最大的难点。该屋面采用了两种结构体系，大面积为木纹肌理清水混凝土上翻梁，大厅部分采用实腹钢梁，共同形成结构的双曲屋面。建筑屋面为铝镁锰板+青铜瓦一体化屋面，但结构并不拟合建筑屋面，彼此在四面檐口结合，在中部形成两种曲率的屋面构造体系。而钢结构下部还有钢木组合的装饰木桁架，曲率与钢结构屋面相同。

对于这类较为复杂的空间结构的施工精度，我们从三个角度出发来实现误差的控制。首先是数字化技术，对于双曲屋面、金属屋面、青铜屋面利用Rhino和Revit

建模软件建立模型，由于双曲清水混凝土屋面较为复杂，在标高控制上极为严格，普通建模软件无法对双曲清水混凝土屋面进行精准建模，故采用参数化的形式，通过Rhino联合Grasshopper进行南大门支模模拟（图5-100）。每一个立杆的位置、高度都不一样，逐根绘制将费时费力，精度也很难保证，并且图纸一直在变动。故探

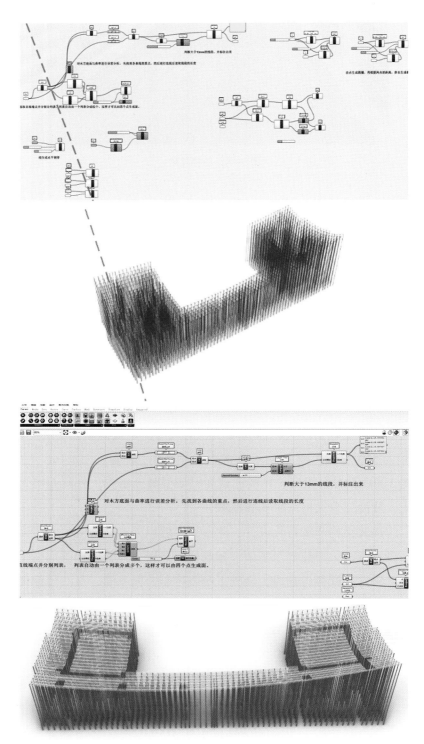

图5-100　计算和建模组图

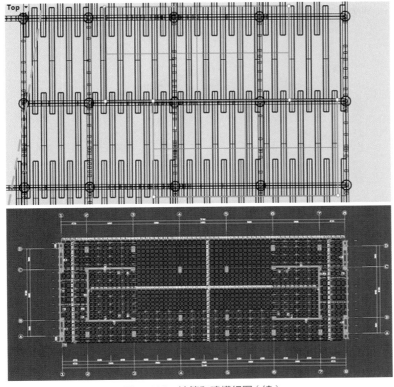

图5-100 计算和建模组图（续）

索采用参数化的一些算法，原来估计要一天的工作量，采用新算法后只需要几分钟就能完成。然后通过Rhino对方木参数进行建模，通过不同尺寸的方木进行建模，确定方木规格为50mm×70mm，排布间距为120mm或125mm，在模拟中测算出方木误差13mm左右。模板规格为1830mm×915mm×15mm，为避免位置不一致导致曲率误差不统一，而使曲率难以保证，以1830mm×立杆同宽×15mm，错缝三分之一进行拼模，最后出图。

其次是在施工过程中，除了严格按照施工方案和立杆定位来进行支模架搭设外，在铺设底模后，增加一道柔性较好的三夹板来使曲面过渡自然，再对三夹板形成的曲面进行测量复核，其中重点复核檐口、翻边、柱顶等部位，对于大面板底模，可在确保曲面顺畅的情况下，适当根据现场情况微调标高，如此形成的模板体系整体效果优良。

最后是复核测量手段，通过三维扫描仪对南大门的双曲屋面、金属屋面、青铜屋面进行全面扫描，再通过BIM模型与三维扫描仪的模型进行结合，分析误差。尤其是南大门的钢梁造型复杂，易形成施工误差，以及木架构的施工定位精确度需求高，特采用三维激光扫描技术进行钢梁偏差检测。对南大门扫描时在现场贴放标靶纸，并测量出标靶纸的坐标、高程，建立正确尺寸、定位的模型。通过坐标、高程直接确定点云模型定位（图5-101），以50mm为界限进行偏差检测，及时调整施工方案。

图5-101 点云测量模型

以上测量数据移交给金属屋面和吊挂木桁架作业团队后，其深化和方案制定有了精确的实物测量数据，大量原本可能在施工过程才能发现的尺寸偏差问题，可预先得到消化解决，很好地提升了施工效率和质量。

（2）废旧矿坑山体修复与地形高效测量——山体库结构边线控制

山体库作为文物收藏书库、中华传承的基因库，在整个项目中尤为重要。考虑建筑的宋韵理念，在现有山崖建造山体库，然后在其上恢复山体形态再现龙井茶田风貌。将江南特色的龙井茶田坐落在山体库，既体现江南艺术美，又体现整体建筑宋韵形，该建筑共有6层面积35496.02m²，包含典藏书库、特藏书库、智慧运维中心、涉密书房、汽车库、涉密数据机房，设备空腔、无功能密闭空间（人防防护空腔）。

崖壁凹凸不平，测量难度大，这成为测量人员的一大难题。另外，塔式起重机的前臂容易与崖壁碰撞，在建造过程中山体库塔式起重机选型也是项目的一大难题。

由于崖壁较为复杂，无法预知现场实际山体库与崖壁之间的结合是否存在一些问题，在建造前期，就将山体库与现场实际崖壁实景三维模型进行结合，提前发现山体库与崖壁之间冲突的位置，提前优化方案，进而使项目减少返工现象。项目数字化团队通过几轮的会议研讨，大胆提出运用无人机+BIM技术，并进行方案策划。通过无人机倾斜摄影技术得到崖壁实景三维模型（图5-102、图5-103），再通过BIM建立山体库模型，并将两种模型结合到一起。最困难的地方就是如何将两个模型整合到一起，通过Smart 3D、Revit、大疆制图、Context Capture、SuperMap等软件进行测试，将无人机航拍照片导入Smart 3D中进行空中三角加密，同时辅以少量控制点进行平差匹配，最终得到与控制点相同坐标系下的地面稀点云。此点云通过与图像信息匹配，赋予其色彩信息，可以大致看清被拍摄区域的基本情况，

传承宋韵　文润东方
中国国家版本馆杭州分馆工程创新与实践

图5-102　项目准备阶段

图5-103　挡石条及防护网

再通过观察稀点云有没有产生交错、分层、扭曲的情况后进一步加密点云，生成数字高程模型（Digital Elevation Model）。设计部门需要通过比较楼层平面与山体轮廓线的位置，来判断建筑物与山体之间的关系。我们从Smart 3D中选取所需要的区块，导入EPS中以特定高程截断山体模型，利用EPS手绘等高线的功能提取出横截面线条。将成果导出为CAD格式，在CAD中把轮廓线粘贴至楼层平面图中的原位置，由于设计图纸与测量用的坐标系是同一个，故可以正确匹配至对应坐标，按照3m一道直到崖壁顶端的轮廓线，即可以在CAD中分析建筑物与山体之间的位置关系（图5-104）。通过BIM建立山体库模型之后，以轴线为定位点赋予模型地理位置信息，将其导入SuperMap，再导入最新的现场数字高程模型。通过模型数据测量，多次修改方案、反复比较，最终确定了结构板与山脊在贴合处的高程数据，反馈至设计人员进行山体库设计。

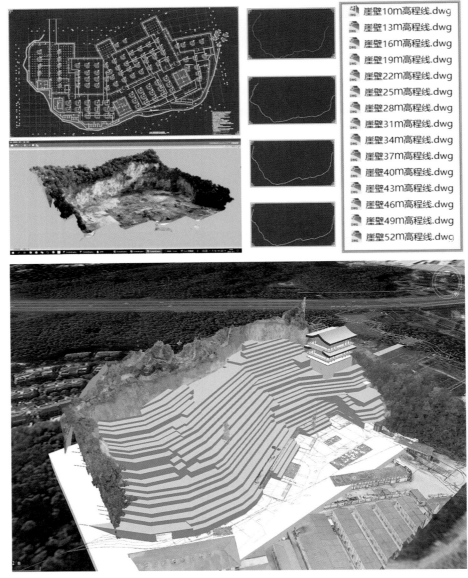

崖壁10m高程线.dwg
崖壁13M高程线.dwg
崖壁16M高程线.dwg
崖壁19M高程线.dwg
崖壁22M高程线.dwg
崖壁25M高程线.dwg
崖壁28M高程线.dwg
崖壁31M高程线.dwg
崖壁34M高程线.dwg
崖壁37M高程线.dwg
崖壁40M高程线.dwg
崖壁43M高程线.dwg
崖壁46M高程线.dwg
崖壁49M高程线.dwg
崖壁52M高程线.dwg

图5-104　轮廓线、实景模型与山体库模型结合

由于崖壁凹凸不平，导致崖壁防护网及挡石条无法计算，通过倾斜摄影软件对防护网面积及挡石条长度进行计算。在此过程中无人机倾斜摄影采用5款软件进行尝试，最终采用Context Capture软件，计算方式采用三角网形式进行面积测算（图5-105），得出的结果得到业主、全过程咨询、监理的一致认可。

无人机在建筑行业等领域得到了广泛应用。无人机航拍建模已经拥有一系列配套的行业应用软件与解决方案，在实际工程建设过程中可解决现场质量、安全、预算等问题，提高相关人员工作效率。

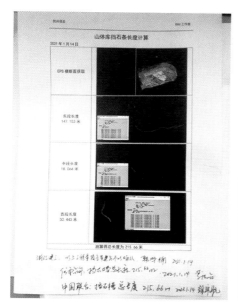 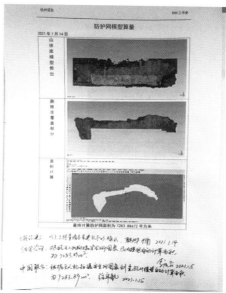

图5-105 算量辅助